油气地质野外创新教学实习基地

Petroleum Geology Field Innovative Teaching Practice Base

中扬子地块(纸坊—乌龙泉—温泉—通山)石油地质路线调查

Petroleum Geological Survey Route

(Zhifang — Wulongquan — Wenquan — Tongshan)

教学参考书

Practice Teaching Handbook

陈振林　周江羽　梅廉夫　沈传波　王芙蓉　著

CHEN Zhenlin　ZHOU Jiangyu　MEI Lianfu

SHEN Chuanbo　WANG Furong

中国地质大学出版社

ZHONGGUO DIZHI DAXUE CHUBANSHE

图书在版编目(CIP)数据

油气地质野外创新教学实习基地教学参考书(汉英对照)/陈振林,周江羽,梅廉夫,沈传波,王芙蓉著.—武汉:中国地质大学出版社,2010.9

ISBN 978-7-5625-2538-7

Ⅰ.油…

Ⅱ.①陈…②周…③梅…

Ⅲ.石油天然气地质-实习-高等学校-教学参考资料-汉英

Ⅳ.P618.130.2-45

中国版本图书馆 CIP 数据核字(2010)第 145277 号

油气地质野外创新教学实习基地教学参考书　陈振林　周江羽　梅廉夫　沈传波　王芙蓉　著

责任编辑:王凤林　　责任校对:戴莹

出版发行:中国地质大学出版社(武汉市洪山区鲁磨路 388 号)　　邮编:430074

电话:(027)67883511　传真:67883580　　E-mail:cbb @ cug.edu.cn

经　销:全国新华书店　　http://www.cugp.cn

开本:787 毫米×1 092 毫米 1/16　　字数:165 千字　印张:6.125　插页:1

版次:2010 年 9 月第 1 版　　印次:2010 年 9 月第 1 次印刷

印刷:武汉中科兴业印务有限公司　　印数:1—2 000 册

ISBN 978-7-5625-2538-7　　定价:13.80 元

前 言

随着国家经济建设的高速发展，油气资源的战略地位越来越突出，油气资源供需矛盾加大、形势异常严峻。为了尽快改变经济发展中油气资源短缺这一瓶颈问题，培养高水平油气地质人才，特别是高水平的勘探队伍，使之具有开拓性，能用创新的思维不断勘探出更多的资源潜量，是解决这一问题的根本途径，而培养高水平人才的任务是新时期我校神圣的使命和义不容辞的责任。

近些年来，随着教育部“资源勘查工程特色专业建设”的不断推进，我校石油专业生源质量不断提高，招生规模也有所扩大，学校的实验条件、教学环境也得到了改善，学生的理论知识、室内实验水平特别是计算机应用水平有了极大的提高。然而，由于受到实习经费的制约，石油系学生缺乏系统的专业知识野外实践环节，反馈的信息既表明我校学生地质基本功扎实、计算机应用水平高、能吃苦耐劳，但同时要求或希望我校能培养出更多的具宏观、战略水平的领军人物，这是社会对我校的殷切期望，也是校、院、系领导多次所强调和要求的，为此，石油地质组经过多次研讨和多年的实践，认为极有必要增加学生的实践教学环节，建立必要的野外石油地质教学实习基地。

遵照温总理“求真务实”的指示精神，结合我校石油系毕业生多、实习经费不足的实际情况，因此，就近建立油气地质实习基地，切实发挥其作用，以达到提高学生实践能力的目标尤为必要。

经过前期调研和近四年来连续的学生实习实践，我们认为江夏区纸坊—乌龙泉—咸宁温泉—通山石油地质路线作为石油地质实习基地已经成熟，主要基于以下几点。

(1)该基地离学校较近，来去方便，费用不高，且沿路地质现象丰富，出露较好，便于观察。

(2)“南方海相”多年来一直是油气研究的热点，也是国家投资的重点，随着上扬子川东、川东北地区普光、龙岗两个特大海相气田的相继发现，意味着扬子海相极有可能赢来大发展局面，也就预示着我校将有大批的同学踏进这一领域，而纸坊—乌龙泉—温泉—通山(附图Ⅰ)处于扬子地台的中部，跨中扬子区巴-洪复背斜带、沉湖-土地堂复向斜、崇阳-通山冲断复背斜三个构造单元，是南方海相的重要组成部分，将其作为实习内容有利于毕业生更快、更好地适应国家重点油气勘探领域——南方海相的工作。

(3)该实习路线叠合了三种不同类型的沉积盆地，即海相盆地、前陆盆地、断陷盆地，有利于学生进一步了解盆地形成演化的概念，同时，该区出露地层层位较全，其岩石类型特别丰富，有变质岩(Pt)、沉积岩和火成岩，沉积岩中有碳酸盐岩、碎屑岩、硅质岩等。因此，通过实习，可进一步加强学生地质基础知识训练。

(4)该区具备油气成藏的各个要素(烃源岩、储集层、盖层)及背斜圈闭、断层圈闭和岩性圈闭等类型，并在通山半坑村志留系页岩裂缝中发现沥青脉——通山古油藏，因此，该区是石油地质专业实习的理想场所。

(5)在前期科研项目和近五年来学生实习的资料、素材积累基础上，学生到该基地实习目的明确、内容完整，因此，将其建设成为石油系正式的实习基地条件已经成熟。该基地经 2009 年全国油气博士生论坛的野外考察实践检验，一致认为内容多、现象丰富，效果非常好。该基地现已列入 2009 — 2010 年石油系留学生博士班的教学实习计划。

PREFACE

With the development of national economy, the strategic position of oil and gas resources is becoming more and more important, and the increasing situation of imbalance between supply and demand is unprecedentedly serious, so, in order to improve the "bottle-neck" problem of oil and gas resources shortage in the economic development as soon as possible, training high-level researchers and engineers in petroleum geology especially sophisticated exploration team who have pioneering spirits and can use their innovative ideas to find out more potential resources is the fundamental way to solve this problem. It is a sacred mission and obligatory responsibility of our university (CUG) to train this kind of talented person in this new period.

In the past few years, the quality of the students who majored in petroleum area in our university is improving ceaselessly, the enrollment scale is also enlarged and the experiment situation and teaching envoironment are improved as well, however, the students of petroleum department are lack of systemic professional knowledge of field practice due to the limited funds. The collecting informations show that our students not only obsessed well-knit basic skills but also can endure hardship and work hard; meanwhile, we hope that our university can train more leaders of macroscopic ability and strategic version, this is the ardent expectation of the society to our university and the key point those leaders of our university. After multiple discussions and long-time practice of the petroleum geology group, we agreed that it is of great necessity to add a practice teaching part and establish necessary petroleum geology field innovative teaching practice base.

According to premier Wen Jiabao's "realistic and pragmatic" spirit, considering practical situation that we have many petroleum graduates but not enough practice funds, so establish petroleum geology field teaching practice base nearby and play its role feasibly is very effective to improve the student's practical ability.

After previous investigation and continuous practicing of the students in the past four years, we think that take the "Zhifang-Wulongquan-Xianning-Wenquan-Tongshan" petroleum geological route in Jiangxia area as our petroleum geology field teaching practice base is a mature choice. The reasons are as follows:

Firstly, this base is close to our university, the traffic is convenient and cost little, moreover, it has abundant geological phenomenon and good outcrops so that it is easy for observation.

Secondly, south marine areas have been the hot point of petroleum research for many years, and they have been the investment focus of our country. After two especially big marine gas fields of Puguang and Longgang in east and north-east Sichuan were discovered, that means yangtze platform will meet a great developing situation which indicates that lots of students of our university will step into this field. While the Zhifang to Wulongquan to Wenquan to Tongshan route belongs to the middle yangtze platform, it goes across the middle yangtze Bahong anticlinorium zone, Chenhu – Tuditang synclinorium zone and Chongyang – Tongshan break anticlinorium zone, which is an important part of south marine areas. Take this route as the practice content is beneficial to the graduates to adapt the work in national key exploration field quicker and better.

Thirdly, this route goes across three different kinds of sedimentary basin such as. marine basin, foreland basin and fault basin, which help the students to understand the conception of basin formation and evolution better, meanwhile, the formation exposured in this area is quite complete and has abundant rock type such as metamorphic rock(Pt), sedimentary rock(it contains carbonate, clastic rock, silicalite *et al.*) and igneous rock. Therefore, through the practice the student's geological basic knowledge could be improved furtherly.

Further more, this area possesses all factors of reservoir formation (source rock, reservoir rock and cover), anticline trap, fault trap and lithological trap. The reservoir has already formed which called Tongshan paleo – reservoir. It is an ideal place for the geological practice.

Last but not the least, based on the previous scientific research and accumulation of the student's data and material in the past four years, the practice content of this base is integrated and the purpose is clear, the condition is mature for establishing the petroleum practice base. After the field investigation of National Petroleum Doctoral Forum held in 2009, the practice shows good results. And it has also listed in the doctoral teaching practice content of the foreign students from 2009 to 2010.

目　录

·中文部分·

·英文部分·

中 文 部 分

中扬子地块(纸坊—乌龙泉—温泉—通山)
石油地质路线调查

简 介

油气地质野外创新教学实习基地建设隶属于以下几项。

(1)湖北省教学立项项目(2008147)。

(2)教育部“资源勘查工程特色专业建设”的重要建设内容(132031080201)。

(3)“油气勘查技术与评价”教学实验室建设的重要组成部分(SS2007011)。

(4)湖北省油气勘探开发理论与技术重点实验室的建设内容。

(5)石油天然气地质学、油气勘查技术与评价、含油气盆地沉积学、含油气盆地构造学、石油勘探构造分析等课程的教学实习内容。

实习目的

(1)加强资源勘查工程专业(油气方向)学生野外基础知识训练,培养学生的空间思维和实践能力、综合分析能力,拓宽、延伸专业课教学的内容,使学生进一步加强和牢固掌握盆地形成、构造分析、沉积充填演化、成藏要素构成及野外工作方法等知识。

(2)恢复扬子地台沉积充填、构造演化、生烃成藏的地质过程,建立扬子地台主要地层岩性、生储盖组合及相关指标档案,为石油地质专业课程学习提供实验素材,也为油气重点实验室建设提供系统的标本。

实习内容

(1)观察扬子海相盆地、晚三叠世—侏罗纪前陆盆地、白垩纪克拉通内断陷盆地的主要构造和沉积特征,包括盆地性质、基底构成、重要接触关系、褶皱、断裂特征、沉积充填序列等。

(2)掌握沉积岩的主要岩石类型,特别是判断各种岩石类型在成藏构成中的作用。

(3)了解不同盆地的沉积充填演化特征、观察沉积现象、沉积构造特征;了解不同盆地的主要构造特征,判别断层的性质、形成机制。

(4)观察、掌握不同盆地盖层的成藏构成要素及其可能的生储盖组合。

实习任务

(1)掌握GPS定点及地层产状测定方法。

(2)信手剖面绘制、地层描述。

(3)观察扬子地台基底岩性、盖层构成及重要的生储盖组合。

(4)观察断陷盆地盖层岩性、断阶及断层性质判断,盖层与基底接触关系。

(5)通过盆地演化、构造(造山)运动判断前陆盆地发育位置及岩性构成。

(6)识别扬子盖层中的冰碛砾岩、鲕粒白云岩(灰岩)、砂糖状白云岩、生物碎屑灰岩、内碎屑灰岩等。

(7)区别构造角砾岩、沉积角砾岩,通过断层面擦痕、阶步判别断层性质。

(8)观察构造现象及主要沉积构造，特别是陆相盆地的沉积构造现象。

(9)判断油气成藏构成的主要因素，分析海相盆地的生储盖组合。

(10)判断、预测可能的圈闭类型、分布，观察、解剖通山古油藏。

(11)系统采集主要岩性、生储盖层岩石标本。

完成作业

提交实习小结一份(100 分)。

1. 文字部分，包括以下内容(50 分)

(1)扬子海相盆地、晚三叠世—侏罗纪前陆盆地、白垩纪断陷盆地形成时间、发育位置特点、各自的沉积盖层层位、接触关系及主要岩性特征描述。

(2)沉积特征(沉积构造、特殊的岩性、古生物特征)、构造现象(断层褶皱性质判别)。

(3)烃源岩、储集岩、盖层层位及其组合关系。

(4)圈闭类型及其成藏的条件。

2. 图件部分(40 分)

(1)分析附图Ⅱ即中扬子海相地层的成藏要素、划分生储盖组合。

(2)完成实习路线南段(属崇阳-通山冲断背斜)或北段(属巴-洪冲断复背斜)地质剖面图，包括野外信手剖面图及室内清绘地质剖面图，指出圈闭类型并描述，见附图Ⅲ。

3. 收获及建议(10 分)

一、地质路线概述

周口店野外实习我们了解了华北地台(板块)的地层构成特点，特别是对华北地台的太古界片麻岩基底岩石有较深的印象，对沉积盖层中的元古界雾迷山组白云岩(含气)和震旦系叠层石印象也很深刻，还有马家沟组豹皮灰岩、本溪组铝土岩、山西组煤系地层，等等。由此我们了解了华北地台的形成、沉积盖层充填演化以及消亡的全过程，而本次实习则是从石油地质专业的全新角度观察、了解扬子地台的形成、沉积盖层充填演化、消亡以及后续的前陆盆地、断陷盆地形成演化过程及其烃源岩发育、储层类型、盖层性质以及生储盖组合等成藏方面的内容，使大家所学的石油地质理论知识得以进一步巩固，同时拓宽知识面，特别是对沉积地层、构造样式的观察和判别，对沉积构造特征、断层面擦痕、阶步的观察以及野外素描等基本技能的掌握，对学生来说都是很好的锻炼机会。

本次实习路线见附图Ⅰ、附图Ⅲ，从纸坊至通山，基本沿 107 国道一线，沿途出露地层比较完整，包括扬子海相地层震旦系、寒武系、奥陶系、志留系、泥盆系、石炭系、二叠系以及下—中三叠统，从 107 国道向两侧横向延伸，如在湖泗、金牛、舒安等地即南北对冲的中间平缓地带则出露了前陆盆地的侏罗系以及燕山运动因发生横弯褶皱形成分散的白垩纪—新近纪断陷盆地。

从图 1 可看出，路线区属于扬子板块内的中扬子区块范畴，从图 2 可看出实习路线跨巴洪冲断复背斜、沉湖土地堂复向斜以及崇阳通山冲断背斜。

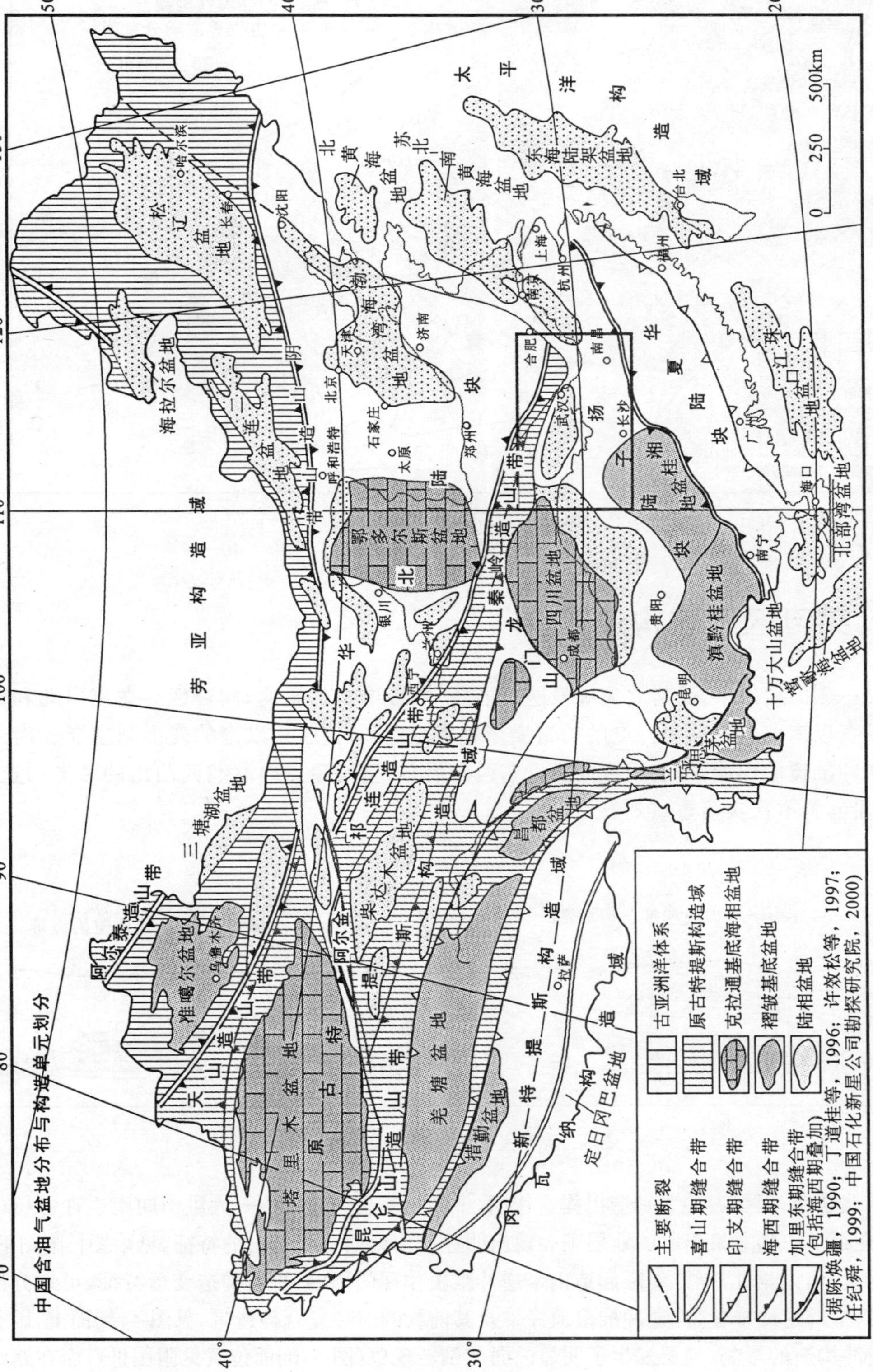

图1　实习区所处位置图（方框内）

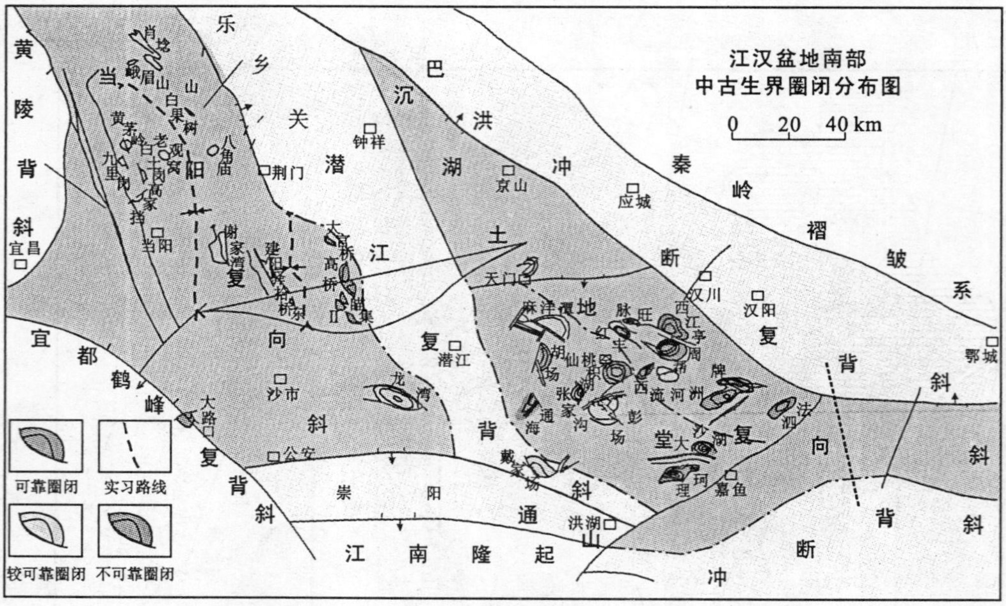

图 2　江汉盆地南部构造

二、实习区区域构造简介

印支—燕山期以来，受南北大规模逆冲推覆、褶皱造山的影响，实习区乌龙泉以北和贺胜桥以南发育以南北向对冲为特点的构造变形格局(图 3)，贺胜桥以南的变形则主要受南部江南隆起逆冲推覆的影响，构造线方向为近东西向展布，呈一顶点向北北西凸出的弧形构造(见附图Ⅰ、Ⅲ)，为本次实习重点观察路段。

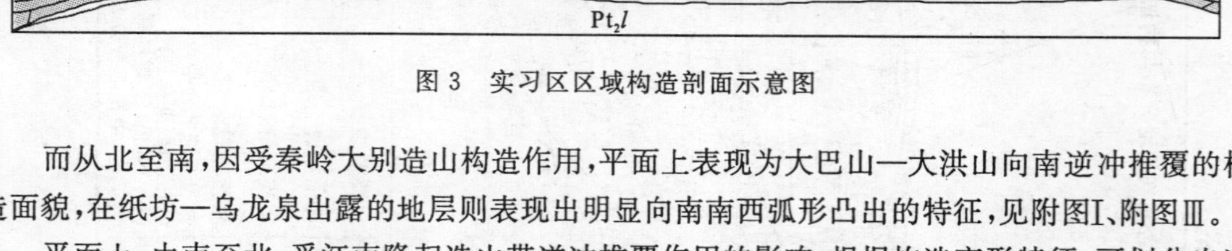

图 3　实习区区域构造剖面示意图

而从北至南，因受秦岭大别造山构造作用，平面上表现为大巴山—大洪山向南逆冲推覆的构造面貌，在纸坊—乌龙泉出露的地层则表现出明显向南南西弧形凸出的特征，见附图Ⅰ、附图Ⅲ。

平面上，由南至北，受江南隆起造山带逆冲推覆作用的影响，根据构造变形特征，可划分出造山带根带、中部逆冲推覆带、逆冲推覆前锋带及其前缘的对冲复合构造带，见图 4；剖面上，因受由南向北逆冲构造的影响，地层发生了明显的向北倒转现象(图 5，剖面位置见附图Ⅲ)，而在路线的北部，则是因受巴洪逆冲推覆构造影响，地层发生向南倒转现象(图 6，剖面位置见附图Ⅲ)。

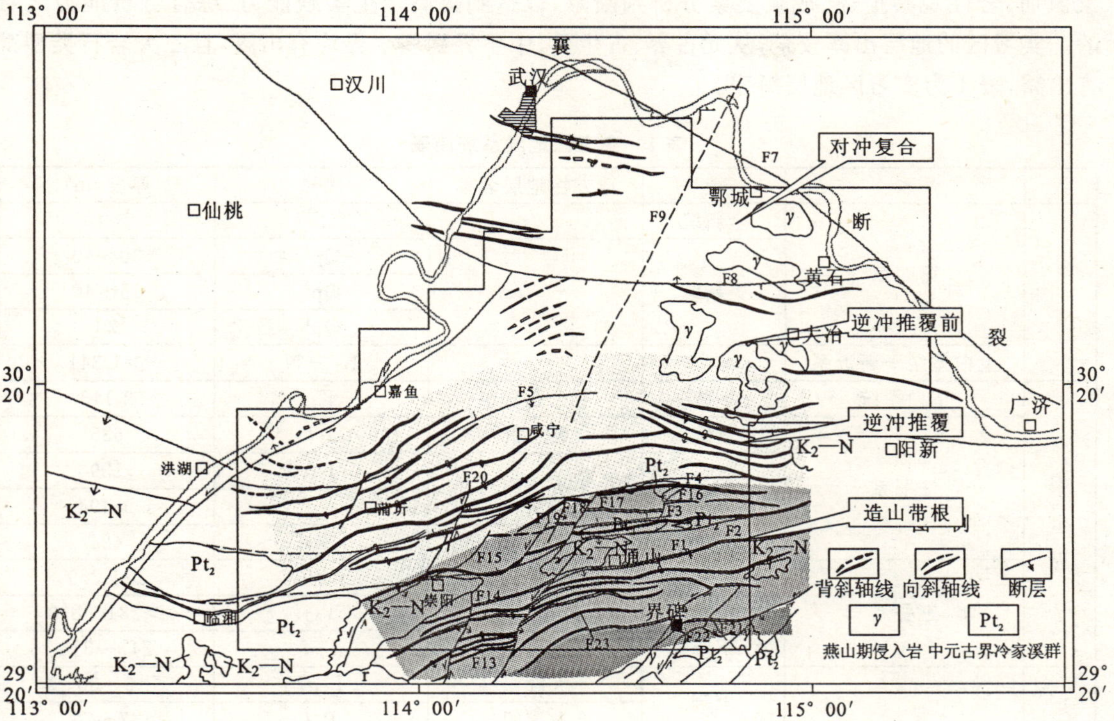

图 4　实习区构造平面

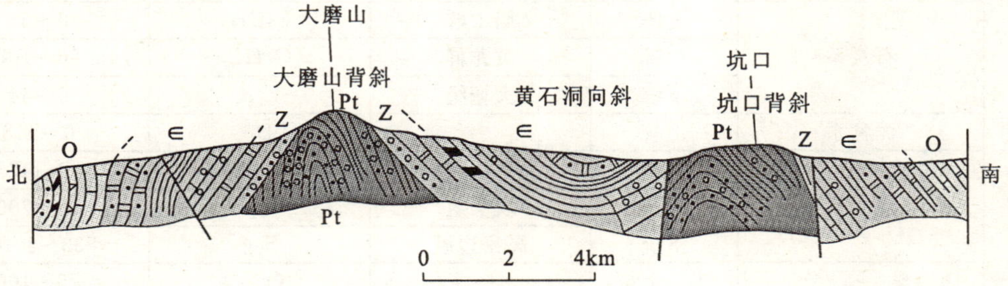

图 5　大磨山—坑口剖面图(据通山幅区调)

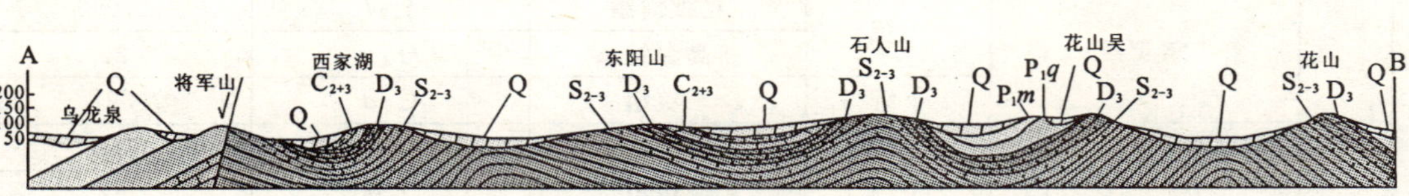

图 6　乌龙泉—花山剖面图

实习区这种南北对冲的构造面貌是印支—燕山运动长期作用的结果，这种作用结果同时形成了实习区独有的丰富盆地类型、地层构成充填样式和生储盖组合形式，在对冲带即沉湖-土地堂-大冶复向斜带发育近东西向的似前陆盆地晚三叠世—侏罗纪沉积，在研究区南部因燕山运动影响形成一系列白垩纪—新近纪断陷盆地，本实习路线就是围绕三大盆地类型的形成机制、发育位置、沉积充填、成藏组合等方面进行露头观察、室内综合分析，包括构造和沉积现象识别、岩性观察描述、成藏要素分析判断等，以达到提高学生实践能力、综合分析能力之目的。实习区的地层出露较全，从元古界、古生界、中生界到新生界均有出露，且三大岩石类型都有出露，表1为实习区地层简表。

表1　实习区地层系统简表

界	系	统	地方性地层名称	代号	厚度(m)
	第四系	全新统		Qh	＞40
		更新统		Qp^3	30～40
				Qp^2	15～40
				Qp^1	20
	上白垩统—新近系			K_2—N	＞1 341
中生界	下白垩统	下统	上火山岩组	K_1	2 113
	侏罗系	上统	灵乡群	J_3l	635
		中统	下火山岩组	J_2b	139
				J_2a	＞494
		下统	武昌群	J_1WC	424
	三叠系	上统	蒲圻群	T_3PQ	＞1 269
		中统	嘉陵江组	T_2j	＞281～893
		下统	大冶组	T_1d	247～316
古生界	二叠系	上统	大隆组	P_2dl	6～30
			龙潭组	P_2l	37～73
		下统	茅口组	P_1m	77～104
			栖霞组	P_1q	105～238
	石炭系	上统	船山群	C_3CH	0～35
		中统	黄龙群	C_2HL	30～108
		下统	大塘组	C_1d	0～44
	泥盆系	上统		D_3	0～118
	志留系	上统	茅山组	S_3m　S_{2-3}	＞147
		中统	坟头组	S_2f	90～700
		下统	高家边组	S_1g	833～1 461
	奥陶系	中—上统		O_{2+3}	25～100
		下统		O_1	440～500
	寒武系	上统	立秋湾组	$\in_2l$	709
			高台组	$\in_2g$	29
		下统	东坑组	$\in_1d$	297
元古界	震旦系	上统	灯影组	Z_2dn	300
		下统	南沱组	Z_1n	52
	前震旦系			AnZ	＞8 600

三、实习区出露地层及沉积简介

研究区地层出露较齐全，从元古界到新生界均有分布。

从元古代至第四纪，古地理在时空演变上的总趋势是：次深海—陆棚浅海—大陆。

各地质时期古地理特点和岩相组合的差异，是由于三种不同的沉积盆地环境所造成。

(1)扬子海相盆地沉积：震旦纪—中三叠世。

(2)前陆盆地：晚三叠世至侏罗纪。

(3)断陷盆地：早白垩世及晚白垩世—新近纪。

除此之外，研究区还出露前震旦系、第四系，以及燕山期火山岩。

(一)前震旦系(AnZ)

研究区出露前震旦纪地层为冷家溪群，属扬子地台的基底。冷家溪群原为板溪群下部地层，后板溪群解体，称冷家溪群。其被震旦系莲沱组不整合覆盖，所以，冷家溪群的时代上限年龄应大于800Ma。冷家溪群为一套浅海相砂、泥、粘土质沉积，由砾岩、含砾砂岩、硬砂岩、粉砂岩、粉砂质粘土岩、粘土岩及板岩(图7)、千枚岩等组成。冷家溪群由于受多次构造变形运动及岩浆活动影响，褶皱复杂，断裂亦很发育，地层产状变化大，局部有倒转现象。岩石一般均具有轻度变质，局部变质较深，与上覆震旦系呈角度不整合接触。

图7 Pt板岩

研究区及临近区域板溪群地层对比表见表2。

表2 板溪群地层对比表

<table>
<tr><th colspan="2">地区
地层单位</th><th colspan="3">湖南 1962年</th><th colspan="4">江西北部 1963年</th><th colspan="4">研究区 1966年</th><th colspan="2">安徽 1962年</th></tr>
<tr><td rowspan="11">元古界</td><td>震旦系</td><td colspan="3">南沱砂岩组</td><td colspan="4">南沱组</td><td colspan="4">南沱组</td><td colspan="2">休宁组</td></tr>
<tr><td rowspan="10"></td><td rowspan="10">板溪群</td><td rowspan="7">上亚群</td><td rowspan="2">江口组</td><td colspan="4"></td><td colspan="4" rowspan="2"></td><td rowspan="2">沥口组</td><td>羊栈领组</td></tr>
<tr><td colspan="4">落口链组</td><td>铺领组</td></tr>
<tr><td rowspan="5"></td><td rowspan="8">板溪群</td><td rowspan="7">上亚群</td><td rowspan="3">新组</td><td rowspan="3"></td><td rowspan="8">板溪群</td><td rowspan="6">上亚群</td><td rowspan="3">梅坑组</td><td>上段</td><td rowspan="6">溪中群</td><td>婺源组</td></tr>
<tr><td>中段</td><td rowspan="3">郑家坞组</td></tr>
<tr><td>下段</td></tr>
<tr><td rowspan="4">安乐林组</td><td rowspan="3">上段</td><td rowspan="3">伊山组</td><td>上段</td></tr>
<tr><td>中段</td><td rowspan="2">木瓜坑组</td></tr>
<tr><td colspan="2" rowspan="3">下亚群</td><td>下段</td></tr>
<tr><td>下段</td><td colspan="3" rowspan="2">下亚群</td><td rowspan="2">漳公山组</td><td>板桥组</td></tr>
<tr><td colspan="3">下亚群</td><td>庄前组</td></tr>
</table>

资料来源：1∶50 000通山幅区调报告

（二）扬子海相盆地沉积盖层（Z—T_2）

盆地以前震旦纪地层为基底，沉积了晚震旦世—中三叠世地层。下面简要介绍扬子沉积盖层地层特点。

1. 震旦系（Z）

下伏地层：前震旦系（Pt）灰色、灰绿色板岩，呈角度不整合接触，见图 8。

上覆地层：东坑组（$\in_1 d$）灰色含黄铁矿及磷结核粘土岩，呈平行不整合接触。

震旦系（Z）分布在研究区南部，有上统的灯影组（$Z_2 dn$）和下统的南沱组（$Z_1 n$）组成。研究区南沱组由灰黑色块状冰碛砾砂质泥岩组成（或冰碛泥砾岩及冰碛粉砂质千枚岩），夹冰碛含砾不等粒砂岩与细纹层板岩，如图 9 所示。岩石均遭轻微的区域变质，无层理，所含砾石表面常见擦痕、刻槽、压坑等构造，大小悬殊，无分选性。产微古植物化石，属大陆冰川沉积。

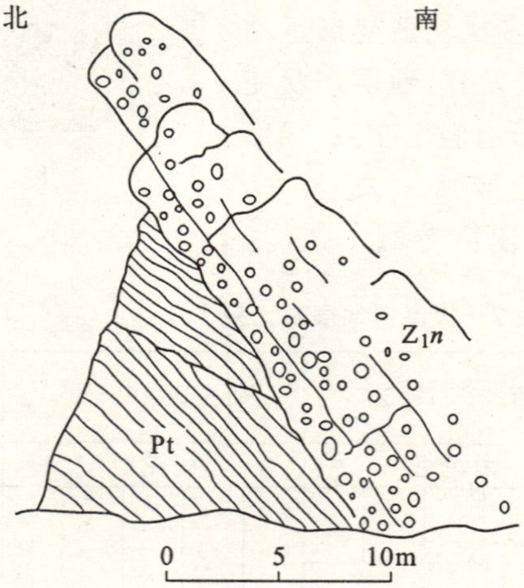

Pt：泥质条带板岩
Z_1n：石英砾岩

图 8　震旦系与板溪群不整合素描图

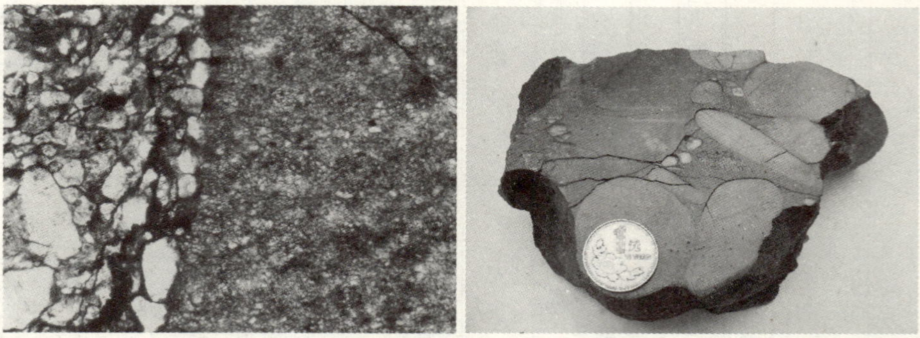

图 9　冰碛砾岩（左）冰碛砾岩镜下观察，单偏光，5×（右）

灯影组可清楚分出两岩性段，下部碳酸盐岩段，由深灰色薄—中厚层状白云质白云岩、灰岩、泥质白云岩、泥质灰岩夹少量炭质页岩组成，偶见鲕粒、含藻斑点与膏盐假晶；上部硅质岩段，由灰色硅质岩与炭质页岩组成，夹薄层白云岩，炭质硅质页岩。全组在区域上岩性较稳定，厚度变化明显，南薄北厚，从 121～246m。

2. 寒武系(∈)

下伏地层:震旦系灯影组(Z_2dn),呈平行不整合接触。

上覆地层:南津关组(O_1n)中、粗晶灰质白云岩,呈整合接触。

出露于研究区的南部,构成大磨山复背式背斜的核部及翼部。主要由白云岩、角砾状白云岩、灰岩、炭质页岩、粉砂质页岩组成,为一套海相碳酸盐岩为主的沉积。总厚度为1 270~1 620m。根据岩性及古生物特征可划分为下统:东坑组($\in_1d$);中统:高台组($\in_2g$);上统:娄山关组($\in_{2-3}ls$)。

地层特征描述如下:

1)东坑组($\in_1d$)

图 10 炭质页岩、石煤

东坑组分为上、下两个岩性段:下段为黑色页岩、炭质页岩、"石煤"层和炭质泥质灰岩(图 10),含黄铁矿及磷结核,局部见石英砂岩;中上部含炭质灰岩夹炭质页岩,地层产状:315°∠80°;顶部含白云质鲕状灰岩,为一套浅海相沉积。岩性和厚度较稳定。总厚度 264~332m,与下伏震旦系呈整合或平行不整合接触。

2)高台组($\in_2g$)

高台组由一套灰至浅灰色中厚至巨厚层白云岩夹鲕状、豆状白云岩为主的岩层组成,上部夹不稳定的白云质石英砂岩及页岩,底部夹泥质灰岩及硅质结核白云岩。总厚度 50~100m,与下伏地层呈整合接触。

3)娄山关组($\in_{2-3}ls$)

娄山关组上部灰色至浅灰色厚至巨厚层微粒灰岩夹中厚层细粒白云岩、白云质灰岩;下部灰色至浅灰色厚层至巨厚层细粒白云岩,风化后呈糖粒状,其表面刀砍状明显。与下伏高台组为整合接触。本组厚 342~676m。

3. 奥陶系(O)

下伏地层:寒武系娄山关组($\in_{2-3}ls$),呈整合接触。

上覆地层:志留系高家边组(S_1g),呈整合接触。

研究区奥陶系地层主要分布在南部大磨山复式背斜翼部。以浅海相碳酸盐岩为主。崇阳—通山一线以南地区为扬子区与华南区接壤的过渡地区。区内奥陶系的沉积特征兼有两者过渡性质,为一套粘土质页岩、粉砂质页岩夹灰岩及泥灰岩。含丰富的笔石、三叶虫、头足类等化石,动物群属东南型。根据岩性、古生物特征及区域对比,将该系划分为下统:南津关组(O_1n)、分乡组(O_1f)、红花园组(O_1h)及大湾组(O_1d);中统:牯牛潭组(O_1g)、宝塔组(O_2b);上统:临湘组(O_3l)及五峰组(O_3w)。总厚 421~489m。与下伏地层娄山关群呈整合接触。

图 11 炭质页岩

1)上统

(1)五峰组(O_3w):下部为黑色粘土页岩,含炭质页岩(图 11);上部为黑色泥质硅质岩,硅质炭质页岩。总厚 2.7~2.8m。研究区内岩性稳定,厚度由西向东变薄。

(2)临湘组(O_3l):下部泥质瘤状灰岩夹粘土质页岩;

上部为粘土质页岩夹泥质瘤状灰岩，泥质瘤状灰岩风化后呈土黄带褐色，松软。总厚2.7～58m。

2)中统

(1)宝塔组(O_2b)：下部为龟裂纹灰岩，含有铁质结核；上部为瘤状生物泥质灰岩。盛产头足类及三叶虫化石。研究区岩性稳定，厚度南薄北厚。

(2)牯牛塘组(O_2g)：为紫灰色龟裂纹灰岩，有时含铁质结核。总厚14～24m。与下伏大湾组整合接触。研究区内岩性稳定，厚度由南向北变薄。

3)下统

(1)大湾组(O_1d)：研究区内为一套紫红色瘤状生物灰岩，夹黄色页岩。厚度较稳定。

(2)红花园组(O_1h)：微—细粗结晶灰岩，顶部为深灰色泥质龟裂纹灰岩。研究区岩性较稳定，厚度变化大，由西向东显著变薄。

(3)分乡组(O_1f)：微粒—粗粒结晶灰岩及燧石条带灰岩与页岩互层。岩性变化较大。

(4)南津关组(O_1n)：上部灰色中厚层微粒灰岩夹白云质灰岩；中部含燧石结核及燧石条带状白云岩夹细粒白云岩；下部含泥条带微—粗粒白云质灰岩。研究区岩性稳定，但所含燧石条带及结核的数量各地不一。厚度由西向东变薄。

4.志留系(S)

下伏地层：奥陶系五峰组(O_3w)，呈整合接触。

上覆地层：上泥盆统(D_3)，呈平行不整合接触。

本系在研究区内出露较为完整。主要为一套浅海相的碎屑沉积，底部为黑色炭质页岩；下部为粉砂岩及砂岩；中部主要为粉砂质页岩；上部为粉砂岩及石英细砂岩。武汉纸坊及东南部西野山、鹿耳山一带出露中—上志留统(S_{2+3})。与下伏地层五峰组呈整合接触。

1)地层描述

(1) 茅山组(S_3m)。本区茅山组为黄绿色、灰黄色，时夹紫红色中至厚层状石英砂岩、细砂岩夹粉砂岩、页岩，局部含磷。未见化石。厚60～370m。区内茅山组一般以石英砂岩为主，仅在蒲圻县大湖岭、崇阳县七里冲以细砂岩居多。紫红色岩层一般呈夹层出现，而通山县孟家垅则夹较多的紫红色石英砂岩。含磷结核或透镜体仅局部见于七里冲和通山县横石。由于后期剥蚀强烈程度不同，区内东部黄梅、阳新、大冶部分地区，茅山组均被剥蚀殆尽，仅在西部蒲圻、崇阳、通山、咸宁部分地区有所出露。厚度变化大，蒲圻一带27～60m，七里冲为223m；向西至横石、孟家垅为107～370m，咸宁县邱家仅存78m，层序见图12。

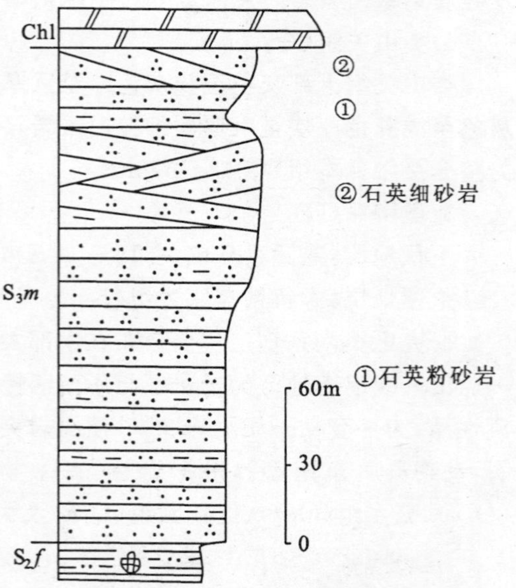

图12　茅山组基本层序图

从晚奥陶世—志留纪，随南华加里东造山褶皱带的形成，在研究区处于稳定沉降，与外海成半阻隔状态，转变成以陆源碎屑沉积为主的陆棚表海。

(2)坟头组(S_2f)。坟头组上段以黄绿、灰绿、灰黄色时夹紫红色泥质粉砂岩、粉砂岩、粉砂质页岩为主，夹石英细砂岩、细砂岩，普遍含砾状磷块岩或磷结核细砂岩，时具蠕虫状构造。本组厚 8～173m；下段为黄绿、灰绿色夹紫红色泥质粉砂岩、粉砂质页岩，夹较多的石英细砂岩、长石石英砂岩、细砂岩及含泥砾细砂岩，部分地区以长石石英砂岩、石英砂岩为主，夹粉砂岩、页岩，层序见图 13。

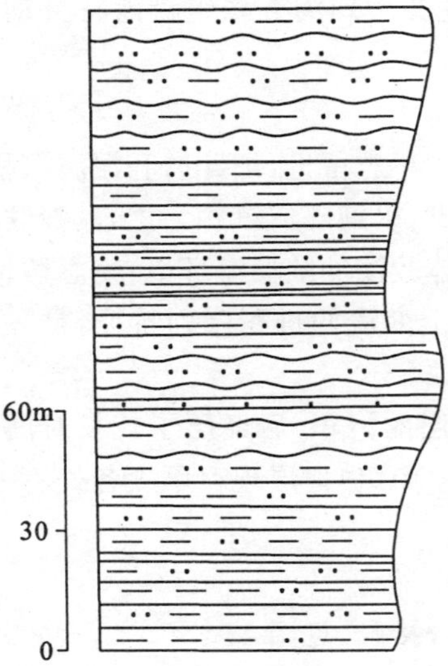

图 13　坟头组下段基本层序图

本组普遍具砾状磷块岩或合胶磷矿结核，时具交错层理。化石稀少，含三叶虫（*Coronocephalus* sp.）、双壳类（*Pterinopectenxianningensis*，*Palaeoneilo triangularis* 等）、鱼类（*Sinacanthus wuchangensis*）及腕足类等。厚度 81～583m。上段一般以含大量王冠虫、腕足类等介壳生物为标志，“化石层”厚度最大达 121m，北部较薄，仅见 6～15m。由于后期剥蚀程度不同，在大冶县太平垴、走马山、阳新县干鱼山等地，“化石层”直接与上覆五峰组平行不整合接触，其余地区，在“化石层”之上仍有一段厚度不等、未见化石的层位。下段岩性自西向东，石英质、砂质有增加的趋势，通山县留咀桥、大冶县肖家湾及走马山、阳新县干鱼山、蕲春县大立山等带以及北部武汉地区，常以长石石英砂岩、石英砂岩及细砂岩为主。紫红色岩层在具体某一层上，常沿走向相变为黄绿色，但在大区域范围内，紫红色岩层是相对稳定的。本组厚度大致有东薄西厚的趋势，东部大立山厚 505m，大冶、阳新一带为 95～433m，中部通山地区为 393～501m，西部崇阳、蒲圻 276～653m。北部武汉、咸宁地区最薄，仅出露 73～146m。坟头组与下伏高家边组岩性虽有差异，但两者之间为连续过渡沉积，坟头组底界一般以紫红色泥页岩或粉砂岩、石英砂岩为标志。但在紫红色岩层不发育时，往往界线难以区分，如在七里冲、孟家垅、留咀桥、花纹等地，一般以岩性较高家边组为粗的长石石英砂岩、细砂岩、粉砂岩大量开始出现作为坟头组之底。

图 14　灰绿色粉砂质页岩

(3)高家边组(S_1g)。研究区内下志留统岩性全属一套碎屑岩沉积。上段以黄绿、灰绿、灰黄色粉砂质页岩（图 14）、粉砂岩为主，时夹石英细砂岩、细砂岩，偶夹灰质粉砂岩，岩层产状：195°∠30 °。具波痕构造，厚度 812～1 315m。下段为黑、灰黑色炭质页岩、硅质页岩，时夹泥质粉砂岩，厚度 21～156m。区内岩性稳定。下段炭质、硅质页岩主要发育于蒲圻、通山、咸宁、大冶部分地区，东部阳新、黄梅地区亦有零星分布，北部武汉地区未见出露。上段一般以粉砂质页岩、页岩、粉砂岩为主，但在崇阳、通山一带砂质成分增加，夹有石英细砂岩、细砂岩；大冶县章山、阳新县干鱼山亦夹有少量细砂岩、石英砂岩；大冶县肖家湾局部夹钙质粉砂岩。

本组以含笔石动物群为特征，主要见 5 个笔石带：*Pristlograptus leci*，P. *cyphus*，*Or-*

thograptus vesiculosus，*Parakidograptus acuminatus* 和 *Glyptograptus persculptus* 带。就岩性而言，区内高家边组大致与皖南、苏南相类似。因此，高家边组的时代层位大致包括整个早志留世的沉积。与下伏奥陶系五峰组均呈平行不整合接触，主要表现为五峰组赫南特贝动物群的沉积缺失。

2)沉积作用分析

区内志留纪地层总体上显示为向上变浅的海退进积序列。早志留世，细碎屑和泥质沉积，发育水平纹层理，沉积环境为低能较深水体的陆棚海；中志留世，以细碎屑沉积为主，具沙纹层理，表明已开始出现向上变浅且有动荡反复的进积特点，属水体较浅的陆棚海环境；晚志留世，以石英粉砂岩到细砂岩为主，发育交错层理，显示了典型的向上变浅的进积序列特征，是一个由陆棚海临滨过渡到前滨环境的沉积，最后海退成陆，遭受剥蚀。

加里东运动致使地壳上升，海水退出本区，结束了本纪地层的沉积，后经历了较长时间的剥蚀。但由于区内南北沉积厚度和剥蚀程度的不同，故晚期(茅山组)地层现存厚度各处不一。武汉纸坊地区已剥蚀到中统地层。

5.泥盆系(D)

下伏地层：志留系茅山组黄色细粒石英砂岩，呈平行不整合接触，见图15。

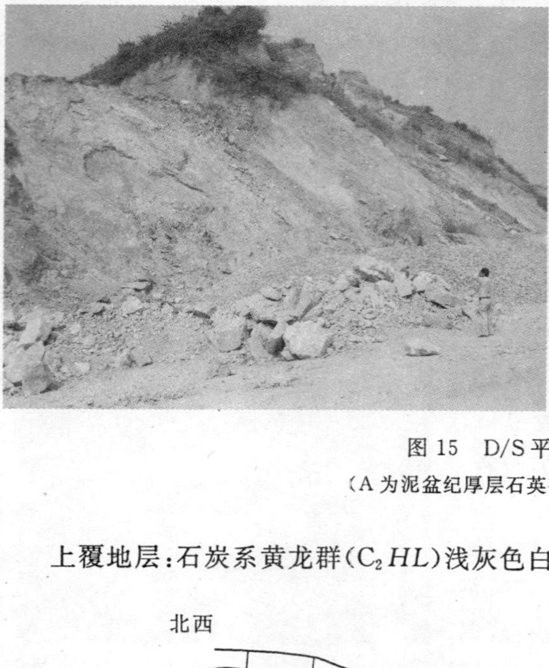

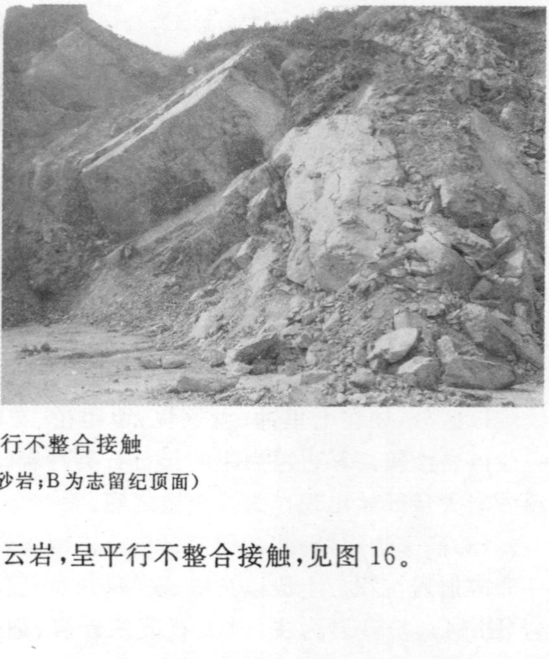

图15　D/S平行不整合接触

(A为泥盆纪厚层石英砂岩；B为志留纪顶面)

上覆地层：石炭系黄龙群(C_2HL)浅灰色白云岩，呈平行不整合接触，见图16。

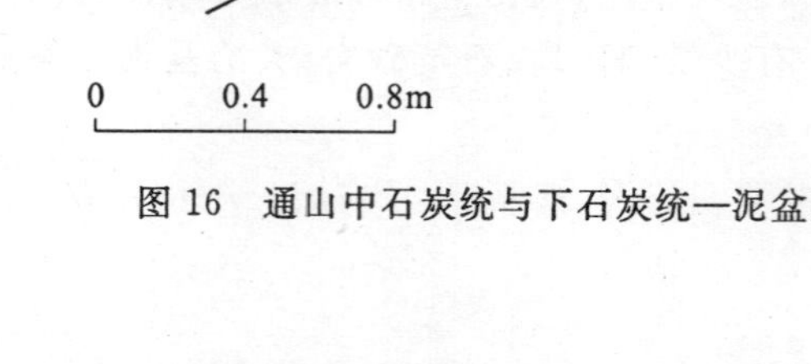

C_2HL：白云岩

D_3—C_1：

1.风化壳含铁锰质粘土岩；

2、4.页岩；3.细粒石英砂岩

图16　通山中石炭统与下石炭统—泥盆系平行不整合接触

本区下、中泥盆统缺失，上泥盆统(D_3)直接平行不整合覆于中—上志留统之上。出露于研究区武汉纸坊及东部西山、西野山等地。以研究区西北部发育较好，主要岩石为石英砂岩，次为粉砂质细粒砂岩、含粉砂粘土岩及细砾岩。

东部鄂州西山一带，下部砾岩较武汉一带稍厚，上部粘土岩变薄。厚约100m。再向东至黄石附近，砾岩明显增多，而粘土岩减少。在东南部鹿耳山一带，上泥盆统全部缺失。

1)岩层描述

上泥盆统(D_3)上段以浅黄、灰白等杂色粉砂质细砂岩、粉砂质页岩、粘土岩为主，时夹石英岩状砂岩。汉阳一带富含植物 *Leptophlocum rhombicum*、*Cyclostigma kiltorkense*、*Sublepidodendron wusihense*、*Sphenopieris recuroa*、*Astrocalamites* sp. 及小个体双壳类等。下段以灰白、肉红色中至厚层或块状石英岩状砂岩，石英砂岩或含铁石英为特征，时夹细砂岩、粉砂岩、页岩或砂砾岩，底部常见0.3～8m石英砾岩或含砾石英砂岩。具楔形层理。本组由于后期剥蚀明显，厚度、岩相变化大。研究区内武汉、通山、大冶部分地区发育较完整。上段岩性总体特征是岩石颗粒度小，岩性疏松易于风化，颜色杂。下段以岩性较单一、岩石坚硬及石英含量高为特点。武汉地区厚度达40～110m，咸宁3～15m，通山1.5～7.7m。

2)沉积相讨论

该地层的成因，前人认为有陆相山前凹地沉积、海相沉积及海陆交互相沉积之说。下部石英砂岩，层内具有大的楔形层理，见图17。

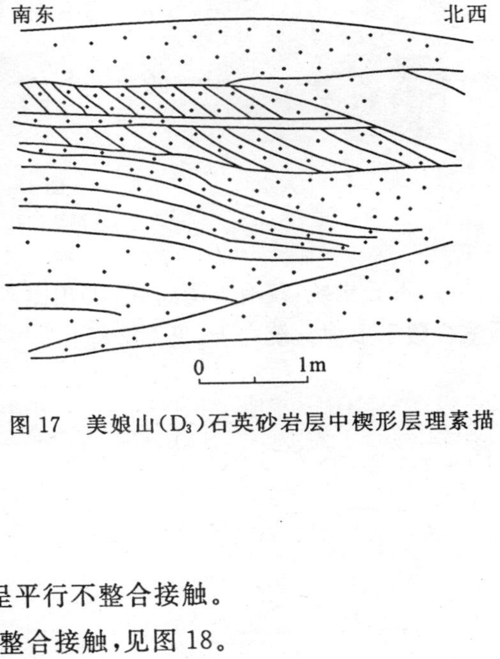

图17 美娘山(D_3)石英砂岩层中楔形层理素描

层面有时见流动波痕，有时含植物茎部化石和腕足类碎壳化石；常夹薄层不稳定的赤铁矿及大小不一、变化不定的透镜状粉砂岩、粘土岩。上部粉砂粘土岩中，含 *Lingula* sp. 和种属单调的瓣鳃类化石及植物叶片化石等。这一切说明本区在晚泥盆世前期主要为滨海三角洲砂质沉积，并形成含SiO_2＞96%的优质硅石层；后期主要为泻湖海湾泥质沉积，并形成部分耐火粘土。

6.石炭系(C)

下伏地层：上泥盆统(D_3)灰白色石英砂岩。呈平行不整合接触。

上覆地层：栖霞组(P_1q)炭质页岩。呈平行不整合接触，见图18。

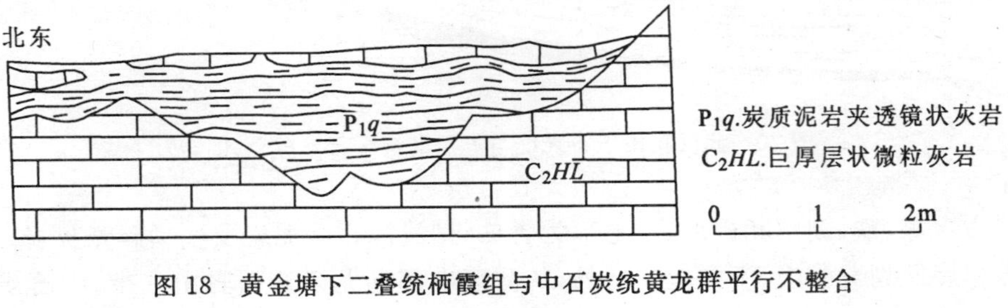

图18 黄金塘下二叠统栖霞组与中石炭统黄龙群平行不整合

本区石炭系部分缺失，分下统大塘组(C_1d)、中统黄龙群(C_2HL)，上统船山群缺失。

1)地层特征描述

(1)中、上石炭统：分布于研究区中部武昌乌龙泉、黄金塘；东部大冶鹿耳山、西野山等地。

中统为白云岩、白云质灰岩、灰岩；上统为深灰色灰岩、球粒状灰岩。总厚30～120m。中石炭统出露黄龙群(C_2HL)，下部为白云岩，中上部为白云质灰岩、灰岩、生物灰岩。岩性全区均较稳定，为一套紫色块状白云岩，孔隙发育好，溶洞较多，方解石结晶较多，含溶蚀角砾，发现缝合线(图19)。地层厚度，在西南部、南部较大，达100～110m；往北至黄金塘变薄为30m。在北部武汉一带与下石炭统接触关系不明，在东南部鹿耳山一带，与中—上志留统平行不整合接触。

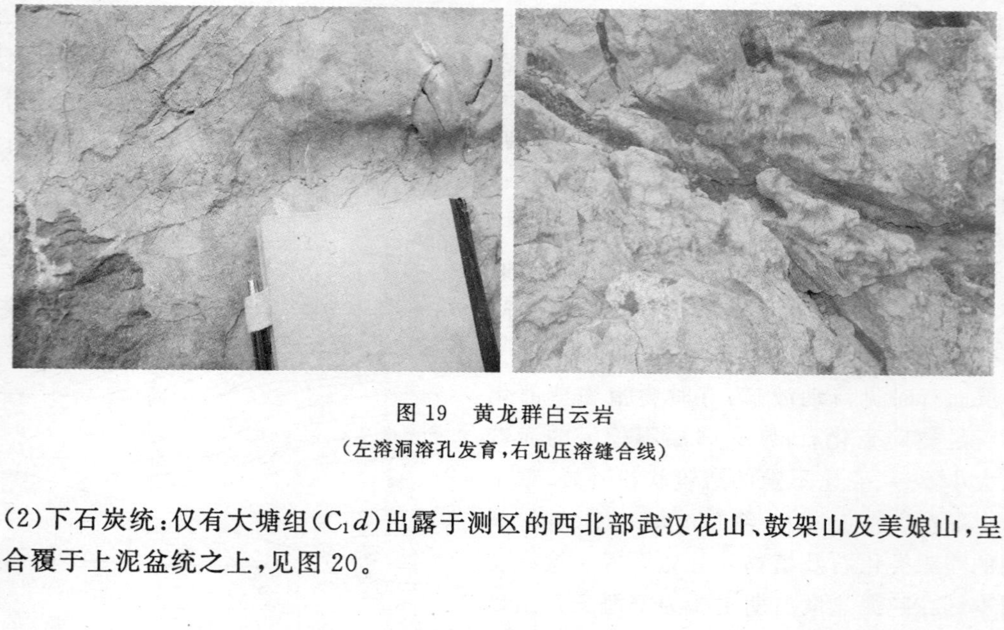

图19 黄龙群白云岩

(左溶洞溶孔发育，右见压溶缝合线)

(2)下石炭统：仅有大塘组(C_1d)出露于测区的西北部武汉花山、鼓架山及美娘山，呈平行不整合覆于上泥盆统之上，见图20。

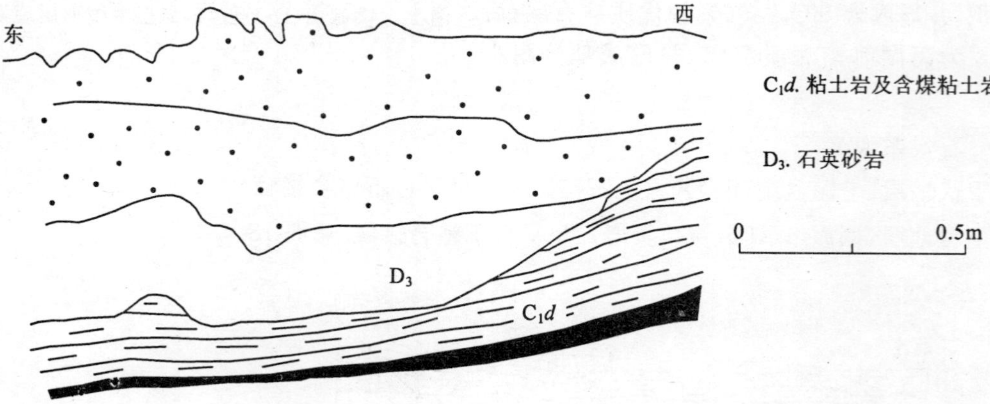

图20 武汉花山下石炭统与上泥盆统平行不整合(倒转)

下部为含煤、铁、湖沼相砂泥岩；上部为含铁、锰浅海相砂泥岩及生物碎壳灰岩。根据古生物与沉积相旋回划分为上、下两段。此外，从测区中部乌龙泉至西野山一带，中石炭统与泥盆统这段被掩盖的厚度不超过20m及在东南部鹿耳山见中石炭统平行不整合覆于中—上志留统之上的情况看来，说明本区下石炭统在西部武汉一带沉积最厚，往东南变薄或缺失。其赋存特征与上泥盆统相依相存。

2)沉积作用分析

上石炭统为深灰色灰岩，球粒状灰岩。岩性在全区都较稳定。地层由南向北、由厚变薄，南邻嘉鱼金鸡山至大冶鹿耳山一带，为30m左右；中部乌龙泉、金山店及花岗石一带，为6～11m；西北部黄金塘一带缺失。与中石炭统整合接触。

柳江运动、淮南运动后，研究区在新的海侵中进入以碳酸盐岩沉积为特征的浅海环境。晚石炭世黄龙群下部白云岩为局限海台地相；上部生物碎屑灰岩为开阔台地相。之后，云南运动造成该区上升成陆，遭受剥蚀。

7. 二叠系(P)

下伏地层：石炭系黄龙群(C_2HL)，呈角度不整合接触。

上覆地层：三叠系大冶组(T_1d)，呈平行不整合接触，见图21。

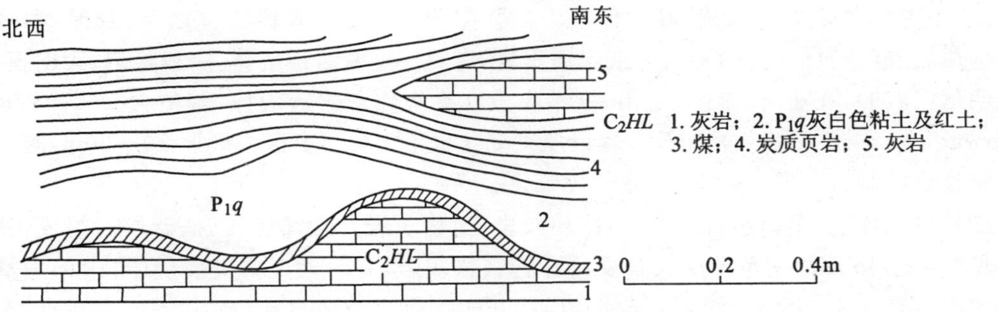

图21 通山县潘山下二叠统与中石炭统接触关系

分布于测区中西部乌龙泉、土桥、黄金塘，东部大冶凤凰山、西野山等地。主要根据古生物组合、相变情况及接触关系，划分为下统：栖霞组(P_1q)、茅口组(P_1m)；上统：龙潭组(P_2l)、大隆组(P_2dl)。

1)地层特征描述

(1)上二叠统：大隆组由含泥质硅质岩，水云母泥岩组成。总厚6～31m。与龙潭组呈平行不整合接触。龙潭组具三个岩性段，即：下部炭山湾段、中部下窑段、上部保安段。与茅口组呈平行不整合接触(图22)。

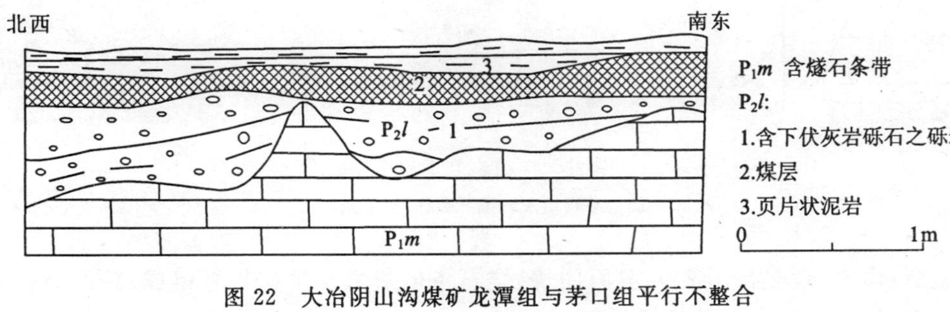

图22 大冶阴山沟煤矿龙潭组与茅口组平行不整合

炭山湾段：指“阳新灰岩”与“保安页岩”之间的含煤地层。本段在研究区内层位稳定，普遍存在，但厚度变化极大，可由数厘米至70m。它主要发育于黄石—武汉一带，一般厚10～30m，其中以武昌县流芳岭最厚，达70m。在上述两个发育地区之岩性较复杂，由页岩、粉砂岩、砂岩及长石石英砂岩或硬砂岩夹煤层和炭质页岩组成，局部含薄层硅质岩和灰岩透镜体。一般含煤1～2层，有时可达4层，可采煤层一层。底部有时具砾岩或含砾砂页岩，砾石成分与其下伏岩层一致，本段与下伏下二叠统茅口组（孤峰组）呈平行不整合接触。

下窑段：指界于“炭山湾煤系”与“保安页岩”之间的一套含燧石结核灰岩，并据其富含腕足类 *Leptodusnobilis* 等20余属种，定其时代为晚二叠世早期，归于龙潭组上部的一个地层单位，曾有“长兴灰岩”之称（周圣生，1954）。本段岩性稳定，为一套含燧石结核灰岩。在江夏区土地堂、流芳岭、土桥及武汉市郊一带，相变为碎屑岩，因为这一带的龙潭组全为含煤碎屑岩直接与上覆的大隆组连续沉积。本段与下伏炭山湾段呈整合关系。本段化石丰富，有䗴类、珊瑚、腕足类等。

保安段：系指保安镇东北隅的“大冶灰岩”底部含 *Gastrioceras zitteli*，*G. liui* 和 *Pseudomonotis* 的钙质页岩和黄色页岩，其时代定为二叠纪—三叠纪。本段岩性以黑、灰黑、咖啡色薄层状硅质岩、硅质页岩为主，夹页岩或炭质页岩，有时夹泥灰岩透镜体，一般稳定，无明显变化。据金明信（1979），在蒲圻、崇阳、通山一带，本段常夹炭质灰岩透镜体，其中含 *Codonofusiella* cf. *kwangsianavar fusiformis* 等。本段厚度变化也不大。研究区一般厚10～30m，与下伏下窑段呈整合接触。本段富含菊石、双壳类等化石。

（2）下二叠统。茅口组：由含燧石团块灰岩、生物灰岩及含锰硅质岩、硅质岩组成，其基本层序见图22。下部为灰色厚层状含少量燧石结核灰岩，有时含少量炭质灰岩；中部为富含燧石结核或条带灰岩；上部为浅灰、灰色厚层状灰岩。有臭鸡蛋气味（含 H_2S），含沥青，有机质较多，发育顺层的方解石脉（裂缝充填，见图23），总厚77～104m。与栖霞组呈整合（凤凰山、西野山等地）或平行不整合（谭家桥）接触。地层产状：240°∠60°。

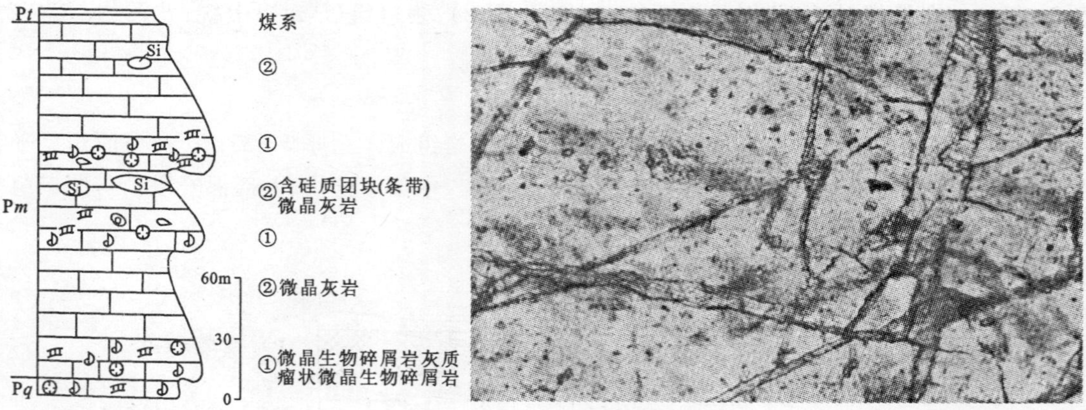

图23　茅口组基本层序图

（右图为茅口组灰岩镜下裂缝，单偏光，×5）

栖霞组：由炭质灰岩（图24）、燧石团块、燧石条带灰岩及生物灰岩组成，总的特征是以含沥青质较高、颜色较深的燧石结核灰岩为主，上、下部含炭质、钙质泥岩，其泥岩往往包裹着灰岩，形成疙瘩状灰岩（瘤状灰岩）。总厚 105～236m。在研究区乌龙泉与上石炭统呈平行不整合接触，与茅口组呈平行不整合接触。

图 24 乌龙泉炭质灰岩

2)沉积作用分析

区内二叠纪地层纵向上为一个海进—海退—海进变化序列。早二叠世初期的海侵使该区进入扬子陆表海环境，栖霞组含炭质、生物屑碳酸盐岩沉积为滨浅海半局限碳酸盐岩台地相；茅口组生屑灰岩表明为浅海开阔碳酸盐岩台地相。早二叠世的东吴运动造成海退，致使与晚三叠世地层的沉积间断。

晚二叠世继承前期的扬子陆表海环境。炭山湾组为新的海侵后的滨海沼泽相的含煤炭系；下窑组含生屑灰岩显示为浅海开阔碳酸盐岩台地相；保安组硅质夹碳酸盐沉积反映为浅海盆地相。

8. 三叠系下统—中统（T_1 — T_2）

下伏地层：二叠系大隆组（P_2d），呈平行不整合接触。

上覆地层：下三叠统蒲圻群（T_3PQ），呈微角度不整合接触。

根据沉积特征、岩性、生物群，研究区内早—中三叠世可分为上统蒲圻群（T_3PQ）；中统嘉陵江组（T_2j）；下统大冶组（T_1d）。

中三叠世末，扬子与华北板块发生碰撞，产生区域性南北向挤压应力场，研究区形成了大隆大凹的古地理格局，退出了扬子海相沉积环境，开始进入陆相沉积。

研究区蒲圻一带可见上三叠统呈微角度不整合或平行不整合超覆于中三叠统之上；江汉盆地内部夏 3 井钻井取心亦证实，上三叠统与下三叠统呈微角度不整合接触。

1)地层特征描述

下统大冶组（T_1d）为浅海相，由灰岩、白云质灰岩、鲕粒灰岩及页岩、泥质灰岩等组成。分布于研究区内青山铺、横石潭至月坪一线以北各向斜翼部及核部。厚 80～323m。与上二叠统呈平行不整合接触，局部呈整合接触。

下部页岩、钙质页岩夹薄层或透镜状白云质泥质灰岩；中部薄层条带状灰岩及白云质泥质灰岩，上部厚层白云质灰岩及灰岩；顶部鲕状灰岩。岩性全区较稳定。但在研究区西南崇阳长岭一带，下部页岩夹泥质白云质灰岩被碎屑状含泥质微粒灰岩所代替，产螺类化石，且与上二叠统呈整合接触。地层厚度由南向北东渐增，崇阳长岭厚 80m，通山新桥为 274m，为一套海相白云岩、白云质灰岩、灰岩夹鲕状灰岩及角砾状白云岩。底部为薄层白云岩，均未见顶。出露厚度约 323m，分布与下统相同。与下统大冶组呈连续沉积。

2)沉积作用分析

早、中三叠世仍处在扬子海环境中。早三叠世早期，大冶组中、下部（第一、二、三段），为一套薄—中厚层灰岩夹泥质条带页岩，水平层理发育，且夹异地碳酸盐岩沉积（重力流成因）的角砾状灰岩，表明属碳酸盐岩台地前缘斜坡相；上部（第四段）的一套鲕粒灰岩显示了沉积相转化为碳酸盐岩台地鲕粒滩相。早三叠世晚期，嘉陵江组的白云岩、灰岩的相间组合，下段下部和中段下部的薄层、页片状灰岩夹页岩的岩石组合显示了两次海平面相对升降变化的向上变浅序列的层序特征，总体反映了该期地层为局限—半局限碳酸盐岩台地相。

（三）前陆盆地（T_3—J）

中三叠世末，印支运动导致扬子地台与华北板块发生碰撞，研究区转变成大陆环境，山地之间发生内陆坳陷盆地。即南北对冲的平缓地带沉湖—土地堂一带发育前陆盆地，T_3—J前陆盆地沉积厚度达6 500余米，主要发育河流相、淡水湖泊和湖泊沼泽相，夹少量煤层和菱铁矿层，反映气候温湿。其中，晚三叠世期间有几次短暂的海泛时期，夹1～3层含海相双壳类的海侵湖泊沉积，中晚侏罗世发育河流相，滨湖三角洲亚相和淡水-咸水湖泊相，夹少量泥灰岩和膏泥岩，反映气候干热。晚侏罗世鄂东沉积区内局部发育山间火山盆地相沉积，显示局部地区自晚侏罗世已开始转向断陷盆地性质。

1. 地层特征描述

1）上侏罗统：灵乡组（J_3l）

上侏罗统为内陆湖相沉积，下部为紫红色砾岩，沉凝灰岩；中部为黄绿色钙质粉砂岩、泥岩夹灰岩；上部为紫红色、杂色泥质粉砂岩夹少量沉凝灰岩，主要分布在东部王豹山至灵乡一带，金牛镇南，潭桥北，西部山坡等地也有零星出露，总厚度约636m，与下伏地层呈角度不整合接触（图25）。

2）中侏罗统：下火山岩组

下部为紫红色、杂色河流相、湖相砂泥岩，零星出露于碧石渡、程潮和大冶金山店以南至灵乡一带，底部为含砾砂岩，下部为砖红色厚层状粗粒长石石英砂岩，中上部为紫红色长石石英粉砂质细粒砂岩及紫红色泥岩，厚度大于1 000m，与下侏罗统呈平行不整合接触，上部为凝灰岩、流纹岩[下火山岩组（J_2b）]，只见于灵乡狮子山一带，厚139m。

3）下侏罗统武昌群（J_1WC）

图区仅见早侏罗世地层，岩石地层单位属武昌群。在研究区以马鞍山一带最完整（图26），武昌邱家以南，呈北东向展布，含煤1～3层，厚0～35m。这是一套陆相碎屑岩，主要岩石为石英砂岩、粉砂岩、泥岩、炭质页岩及煤层。总厚度大于370m，与下伏中三叠统或上三叠统呈平行不整合或角度不整合接触关系。

图25　J_3l紫红色泥岩

图26　江夏山坡乡石英砂岩

2. 沉积作用分析

研究区早侏罗世继承了晚三叠世的古地理格局。早期的粗碎屑岩，表明河流边滩相到河漫滩相。中、晚期细碎屑岩和泥质岩的一系列向上变细基本层序，反映了湖泊相、泥炭沼泽相的多次交互。其中湖泊相中可能也包括了滨湖相和辫状河三角洲前缘沉积(图 27)。

图 27　土地堂侏罗纪岩屑石英砂岩-辫状河三角洲前缘沉积

(四)断陷盆地(K—N)

研究区白垩纪的古地理转变成内陆的山间断陷盆地环境，由于受燕山运动主幕引起的北东向和北西向断裂的控制，早白垩世初期，形成一系列北北东展布的断陷盆地。

1. 上白垩统—新近系(K_2—N)

出露于研究区南部的通山燕厦、崇阳、新八湘湖及咸宁以北地区，并零星出露于研究区的黄冈、阳逻、杨宅俊及大冶等地。岩相较复杂，亦有火山活动。为一套紫红色、砖红色陆相砂砾岩，地层平缓、正断层发育(图 28)。

白垩纪—新近纪断陷盆地

图 28　白垩纪—新近纪地层平缓、正断层发育

2. 下白垩统(K_1)

下伏地层：侏罗系灵乡组(J_3l)，呈角度不整合接触。

地层岩性描述：研究区下白垩统上火山岩组(K_1)分布于雷山、灵乡、金牛及保安，中部燕窝以北零星出露，主要为一套灰黄、黄绿及紫红色内陆湖相碎屑沉积，下部为钙质粉砂岩、凝灰质粗砂岩、长石石英砂岩、含砾砂岩及砂砾岩、砾岩；中下部为粉砂岩、钙质长石石英粉砂岩、细砂岩、粉砂质灰岩及泥灰岩；中上部为砂砾岩、含砾砂岩、中—细粒长石石英砂岩、粉砂岩及页岩；上部为长石石英砂岩、细砂岩、粉砂岩及泥质页岩、凝灰岩等，并夹安玄岩、安山岩。总厚526～896m。中下部含丰富的双壳类、腹足类、介形类及植物、孢粉等化石。英安斑岩呈块状或气孔状构造，斑晶为长石，板状晶形，一般1mm×3mm或2mm×4mm，约占20%～25%。在大冶宗山见上火山岩组与下伏灵乡组呈角度不整合接触，上火山岩组岩层产状：284°∠ 28°；灵乡组岩层产状：300°∠30°。粉红色和灰绿色中细粒碎屑砂岩相混，含分选很差的砾岩，砾石为顺层沉积，小的5～10mm，大的10～15mm。磨圆中等，孔隙度较高，见图29。

图29　白垩系地层中砾石

断层发育，为正断层，擦痕、阶步明显。偶见方解石充填。断层面产状：60°∠78 °。

四、石油地质条件及油气显示

(一)烃源岩

扬子海相生油层系多、厚度大，主要生油源岩层有上震旦统灯影组（或陡山沱组——研究区缺失）、下寒武统、奥陶系五峰组、下志留统、下二叠统栖霞组和茅口组、上二叠统大隆组、下三叠统大冶组和嘉陵江组。生油岩总厚为1 635～4 944m，其中碳酸盐岩类751.8～2 756.1m，泥质岩类883.98～2 188.6m；各层系生油岩厚度、生油岩地化指标见表3。

表3　中扬子区生油岩地化指标表

层系	岩性	厚度(m)	有机碳(%)	沥青“A”(10^{-6})	总烃(10^{-4})	类型	成熟度 R_o	评价
嘉陵江组	灰岩	48.9～769	0.1～0.14	22～42	6.25～28	Ⅰ	0.8	差
大冶组	灰岩	85～512	0.1～0.8	33～54	6.93～18.92	Ⅰ、Ⅱ	1.2～1.95	差
大隆组	泥岩	18.7	12.33					
茅口组	灰岩	74.1～132.5	0.29～0.53	17	75.43	Ⅰ		好
栖霞组	灰岩	56～124.3	0.19～0.35	21～68	9.74～24.27	Ⅰ	1.28～1.45	好
上石炭统	灰、泥岩	34.8～32.5	0.33～0.46	24	6.29			差
志留系	泥岩	532.5～1 100	0.25	12				差
奥陶系	灰岩	42～279	0.1～0.24	10～41		Ⅰ		差
下寒武统	泥、页岩	289～1 000	0.48～2.45	68～85		Ⅱ		好
灯影组	灰岩	172～530	0.3	60		Ⅰ		中等
陡山沱组	灰岩	232.4	0.6	23		Ⅰ		好

区内碳酸盐岩生油岩以二叠系栖霞组、茅口组、吴家坪组和上震旦统陡山沱组最好，有机碳含量在0.16%～1.1%，氯仿沥青“A”平均含量69×10^{-6}～12×10^{-4}，总烃浓度7.19×10^{-6}～491.59×10^{-6}，均达到好的生油岩标准。泥质生油岩以下寒武统最好，有机碳平均含量0.48%～2.45%，氯仿沥青“A”平均含量23×10^{-6}。

(二)储集条件

储层类型多、分布广，孔渗条件不平衡，主要有震旦系灯影组、中上寒武统、下奥陶统、志留系、石炭系黄龙群、二叠系长兴组、三叠系大冶组等，见表4。

表4 中扬子地区主力区域储层物性

储层层位	孔隙度(%)		渗透率($10^{-3}\mu m^2$)		孔喉半径(μm)		厚度(m)	
	范围	平均	范围	平均	中值	平均	范围	平均
T_2	1.02～3.07	2.04	0.03～1.20	0.21		0.011	0～98	49
T_1	1.02～1.34	1.21	0.10～1.02	0.81	0.033	0.012	10～78	44
P_2m	1.09～5.43	3.23	0.01～0.93	0.21	0.120	0.060	30～199	114
C_2	0.31～14.00	7.15	0.03～10.0	1.09	0.648		0～123	62
$\in_3$	0.16～15.43	7.87	1.00～3.11	1.01	0.028	0.023	12～120	56
$\in_2$	0.34～2.10	0.67	0.01～0.98	0.32	0.818	0.323	120～321	220
Z_2	0.66～8.73	4.76	0.07～4.28	1.33	0.171	0.886	50～129	86

根据区内储层发育特征，主要有以下四类储层。

晶间孔发育储层：储集岩类为粗晶—细晶白云岩，储集空间以晶间孔和晶间溶孔为主，物性好。这类储层在研究区内分布广泛，在中上寒武统砂糖状白云岩、上石炭统黄龙群灰岩均有发育。

溶蚀孔发育储层：在古风化壳附近的岩层，由于遭受地表水的淋滤、溶解作用，形成大量的溶孔、溶洞等溶蚀孔隙(纸坊石洞，图30)，在研究区内上震旦统灯影组、上石炭统黄龙群、下二叠统茅口组、下三叠统嘉陵江组顶部均有发育。

图30 黄龙群溶洞(纸坊石洞)

粒间孔：浅滩相的颗粒白云岩和颗粒灰岩，主要储集空间为粒间孔和粒间溶孔，中寒武统高台组、石炭系黄龙群、三叠系嘉陵江组均发育鲕粒岩，其粒间孔发育。

裂缝-溶孔型储层：主要储集岩类为泥晶白

云岩和藻屑白云岩等(震旦系灯影组、石炭系黄龙群)。

(三)盖层条件

区域盖层主要有3套:下寒武统页岩,中上寒武统膏盐岩,志留系泥灰岩、页岩等。

(四)油气显示

实习路线主要有赤壁市神山镇北门岔(P_2q)古油藏、九宫山背斜(S)古油藏等,研究区南部断层扩展褶皱带中的古油藏还有慈利县苗市(P_2q)、京山县雁门口(P_2q)古油藏。其产状特征分别描述如下。

1. 赤壁市神山镇北门岔二叠系油苗

油苗与沥青产于下二叠统栖霞组(P_2q)。该层段为一套深灰、黑灰色含泥质生屑灰岩、泥粉晶灰岩、透镜状生屑灰岩夹深灰色薄层泥灰岩、页岩。

2. 慈利县苗市二叠系油苗

该油苗点位于慈利县苗市镇水泥厂旁山沟内。油苗产于下二叠统栖霞组(P_2q),为一套深灰—黑灰色透镜状泥粉晶灰岩夹深灰色薄层灰岩、钙质泥页岩,泥粉晶灰岩呈透镜体,而薄层泥灰岩、含钙质泥岩则环绕透镜体四周,产状类似于赤壁市北门岔下二叠统透镜状灰岩的含油显示。油苗主要产于透镜体外壳及透镜体之间生物泥灰岩、页岩中,敲开岩石新鲜面可见液态油苗,具浓烈油味,挥发快,在透镜状灰岩的孔隙和裂缝中也见有油苗,但量较少。

3. 雁门口二叠系油苗

京山雁门口下二叠统油苗点位于京山县西南雁门口乡。区域构造位置属当阳-天门逆冲褶皱带东部。油苗分布在太和集断展背斜南端雁门口断层附近。二叠系栖霞组为灰黑色厚层泥粉晶灰岩,局部含隧石团块,灰岩晶洞及微裂隙中见淡黄绿色轻质油,不污手,并从晶洞向裂缝中延伸。晶洞多呈椭圆形,零散分布。

4. 九宫山背斜志留系油苗

九宫山背斜的北翼志留系下统,碳沥青充填于断裂带中,呈北东20°～36°方向延展,与岩层走向有一定的交角。

五、主要观察点及观察要点

(一)要点

1. 岩性的识别及各主要层系的组成特点

(1)元古界板岩、千枚岩,震旦系冰碛砾岩。

(2)寒武系下统“石煤”,上统砂糖状白云岩、内碎屑灰岩。

(3)志留系典型的灰绿色、黄绿色粉砂岩、泥岩、页岩。

(4)泥盆系典型的含砾石英砂岩、石英砂岩。

(5)石炭系黄龙群白云岩、鲕粒灰岩、球粒灰岩、生物碎屑灰岩。

(6)二叠系栖霞组含燧石结核、条带灰岩,茅口组硅质岩、臭灰岩,龙潭组炭质泥岩、煤层,大隆组硅质岩。

(7)三叠系中薄层灰岩、鲕粒灰岩。

(8)侏罗系石英砂岩、泥岩等。

(9)白垩系紫红、红色泥质粉砂岩,砾岩等。

2. 主要沉积现象

(1)震旦系冰碛砾岩。

(2)泥盆系波痕、楔状层理。

(3)石炭系球粒、鲕粒灰岩,生物碎屑灰岩。

(4)三叠系波痕、鲕粒滩。

(5)侏罗系交错层理、底砾岩。

(6)白垩系—新近系斜层理、交错层理等。

3. 成藏构成要素

(1)烃源岩:暗色泥岩、页岩,灰色、深灰色泥晶灰岩,炭质页岩、煤层。

(2)储集层:砂岩、颗粒灰岩(鲕粒灰岩、内碎屑灰岩)、重结晶白云岩(灰岩)、溶蚀白云岩(灰岩)。

(3)盖层:泥页岩及其他致密岩层(膏盐)。

4. 生储盖组合及可能的圈闭、古油藏(油气显示)

(二)观察点

(1)花山、八分山石英砂岩、砾岩。

(2)石洞(3303 军工厂)白云岩,鲕粒、球粒灰岩。

(3)廖家桥燧石结核灰岩。

(4)凌云水泥厂灰绿色粉砂岩、灰岩。

(5)通山镇南部新桥 C/S、P/C 岩性及接触关系。

(6)通山山口镇白垩系砂、砾岩等。

(7)山口镇白垩系与基底震旦系等接触关系。

(8)山口镇 Z_1/Pt_2 接触关系。

(9)Zd、$\in_1$、O、P 几套烃源岩的观察。

(三)分述

No.1:E114°32.241′　N 29°34.506′

岩性、构造观察点,烃源岩、盖层观察点。

观察志留系 S_2f(坟头组)岩性特征,灰、绿灰色砂岩、泥质粉砂岩,表面风化严重而破碎,该套地层因泥质含量高呈塑性而褶皱变形普遍,产状变化大,从水平至近乎直立,该套地层在扬子地台分布广泛,厚度较大,颜色特征典型,易辨别,是南方海相的重要区域盖层和烃源岩。

No. 2:E114°32.157′ N29°34.699′

岩性、地层接触关系观察点,储层观察点。

C /S平行不整合接触(缺失泥盆系);观察石炭系岩性特征、孔隙特征;观察 C 与 S 的岩性分界及接触关系。

石炭系仅出露上统黄龙群,为灰色、灰白色灰岩、鲕粒灰岩、灰质白云岩等,表面有时见风化刀砍纹,溶蚀普遍,见溶孔、溶洞,裂缝发育但均被方解石填充。该套地层是扬子地台特别是上扬子的主力储集层。

No. 3:E114°32.157′ N29°34.699′

P_1q 岩性观察点、构造观察点。

观察二叠系栖霞组岩性特征(燧石结核);观察构造特征(断层性质,擦痕阶步)。

二叠系栖霞组灰岩：灰黑色、灰白色厚层状，燧石结核较普遍，且坚硬、具贝壳状断口。

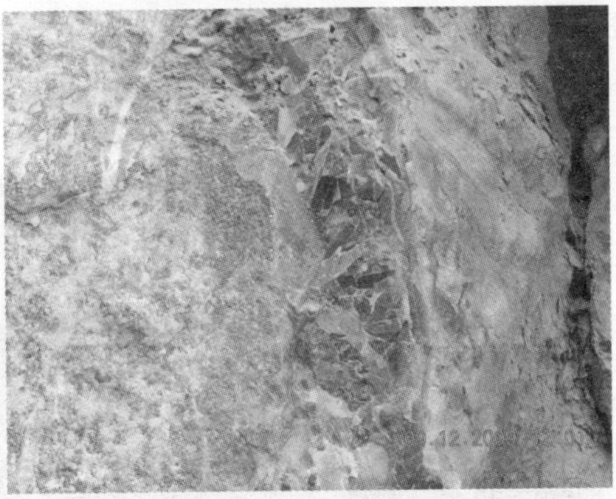

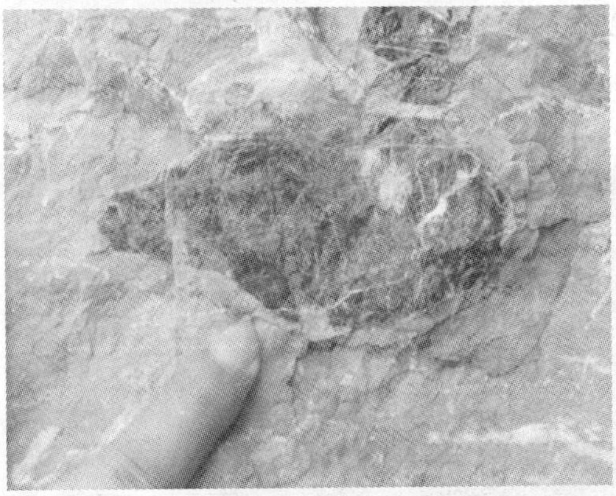

该套地层孔隙、裂缝发育，裂缝多被方解石充填，是重要的储层，该套灰岩有时夹有灰黑色泥、页岩，是较好的烃源岩。该点还可观察断层活动情况，通过断面擦痕、阶步可判别断层性质。

No. 4：E114°31.897′　N29°34.947′

T_1d（三叠系大冶组）岩性观察点、构造观察点、沉积观察点。

(1)观察 T_1d 岩性特征（岩性、颜色、沉积构造、层面产状）。

(2)观察层面波痕。

(3)观察雁列式节理、火炬状节理。

岩性为中薄层状灰、深灰色泥晶灰岩，夹薄层泥岩，灰岩中含有鲕粒。

该套地层在上扬子区称为飞仙关组，为一套鲕粒灰岩，是重要的储层，也是目前中国最大气田——普光气田的主力产层。

通过对该点剪节理及沉积构造的观察，判别构造应力性质及沉积水流特征。

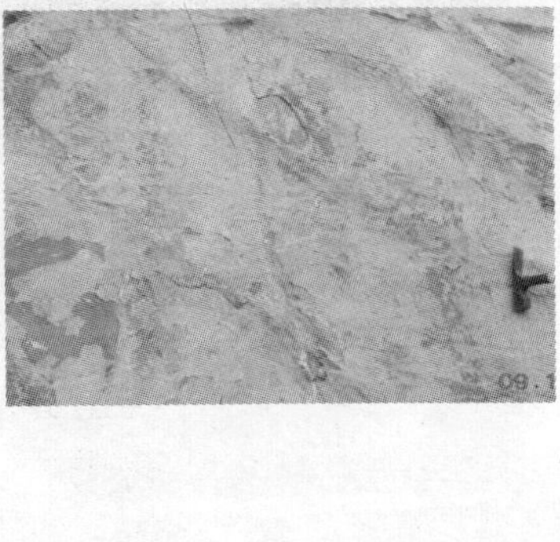

No. 5：E114°28.987′　N29°36.687′

断陷盆地观察，白垩系—新近系砾岩观察点。

(1)观察砾岩分选、磨圆及砾石成分特点，分析物源方向。

(2)分析岩性特征，砾石构成、分布特点，确定水流方向及其沉积相类型。

白垩系分上、下统，下统为湖相砂泥岩建造，夹中酸性火山岩；上统为内陆盆地碎屑岩建造（辫状河、扇三角洲、曲流河、湖泊等沉积）。在实习路线区仅发育上统，且与新近系界线不清，岩性大致分为三段，且有从下至上变粗的现象。

本观察点属上段地层，为灰色细中砾岩、深灰色巨砾岩，砾石分选差、次圆、次棱状，砾石成分以碳酸盐岩为主，从砾石成分和颜色等初步分析，本观察点物源主要来自二叠系和中上三叠统，属陡坡近源沉积。

No. 6：E 114°27.826′　N 29°36.874′

断陷盆地观察，白垩系—新近系断陷湖泊岩性观察点。

(1)观察断陷湖泊岩性特征(岩性、颜色、沉积构造等)。

(2)观察地堑等构造特征。

本观察点属湖盆的中部，也是 K_2—N 地层的中段，岩性为含砾中细砂岩、粉砂质泥岩或泥质粉砂岩，具透镜状层理、斜层理等，地层颜色总体为砖红色、紫红色及浅灰色，反映沉积时期为干旱、氧化环境。

同时，断层发育、均为正断层，发育小型地堑。

No. 7：E114°26.268′　N29°34.446′

断陷盆观察，白垩系—新近系缓坡沉积观察点。

岩性特征和构造特征观察。

该点为 K_2—N 下段，岩性主要为紫红色—砖红色粉砂质泥岩与泥质粉砂岩不等厚互层，见石膏。砾石较小，成分有泥质和灰质或硅质，分选好、次圆状。见有石膏或石膏溶蚀后的膏模孔。从砾石成分和该点附近盆地边界地层综合分析来看，物源应该来自北部边界的震旦系和 Pt 冷家溪群。

该点正断层发育，呈断阶状，也可观察到擦痕、阶步等。

No. 8：E114°25.606′ N29°38.981′

No. 9：E114°25.931′ N29°38.532′

断陷盆地基底观察。

No. 8、No. 9 两点均未能看到断陷盆地（K—E）地层与基底直接相接触，但根据断陷盆地与基底相接触的临近区域所揭示的地层即可判断为基底地层，下面照片展示的即为基底地层，震旦系南沱组和灯影组（自左至右，K—E 砾岩、灯影组碳酸盐岩、灯影组硅质岩）。

观察岩性特征，在岩性、颜色上与 K 碎屑岩的对比分析；断层观察，注意观察正牵引构造、断层角砾以及片理。

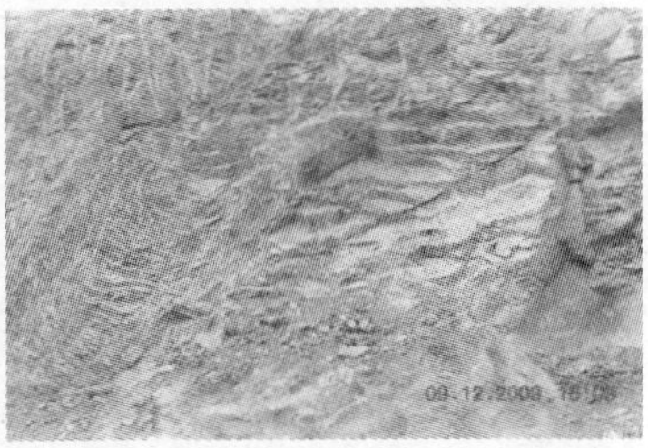

No. 10：E114°25.850′ N29°38.616′

观察扬子地台基底 Pt 冷家溪群。

岩性描述、地层产状测定；Z_1L/Pt_2 界线观察，认识 Pt_2（冷家溪群）板岩及绢云母化现象；观察地层倒转现象。

No. 11：E114°25.193′　N29°40.512′

地层界线观察点、岩性观察点。

观察 Z_2dn / Z_1n 分界线，认识南沱组冰碛砾岩。

南沱组冰碛砾岩，灰色块状，夹冰碛粉砂质千枚岩，无层理构造，砾石表面常见擦痕、刻槽、压坑等，砾石大小悬殊、分选差，混杂堆积。

No. 12：E114°25.262′　N29°40.552′

Z_2dn 岩性观察点、构造观察点、油气显示观察点。

硅质岩、灰岩的识别；油气显示、沥青的观察；灰岩中裂缝的发育及充填物的观察。

灯影组主要的岩石类型有灰色泥晶灰岩、藻叠层石云岩、内碎屑灰岩及透镜状硅质岩等，中厚层状，见变形层理、揉皱构造等，具结核。裂缝发育，方解石充填。

No. 13：E114°25.277′ N29°40.454′

$Z_2dn/\in_1d$ 岩性分界观察点、$\in_1d$ 烃源岩观察点。

灯影组及东坑组岩性观察(岩性、颜色、沉积构造)；灯影组、东坑组界线性质判别；灯影组储层、东坑组烃源岩的观察识别。

东坑组下段为灰黑色页岩、炭质页岩、"石煤层"和炭质泥质灰岩，含黄铁矿及磷结核。与灯影组呈整合或假整合接触。

No. 14(背斜南翼)：E114°24.940′ N29°40.819′

No. 17(背斜北翼)：E114°22.038′ N29°45.330′

中上寒武统岩性观察点、储层观察点。

生物碎屑灰岩、鲕粒灰岩、内碎屑白云质灰岩的认识；逆断层及断层面观察分析；节理期次观察。

该套地层因处于断裂带区域、岩石碎裂、风化严重(图左)，岩性主要为颗粒灰岩或颗粒白云岩，颗粒包括鲕粒、生屑、内碎屑(图中)，该套地层普遍发生重结晶，为中、粗晶(图右)，溶孔发育。

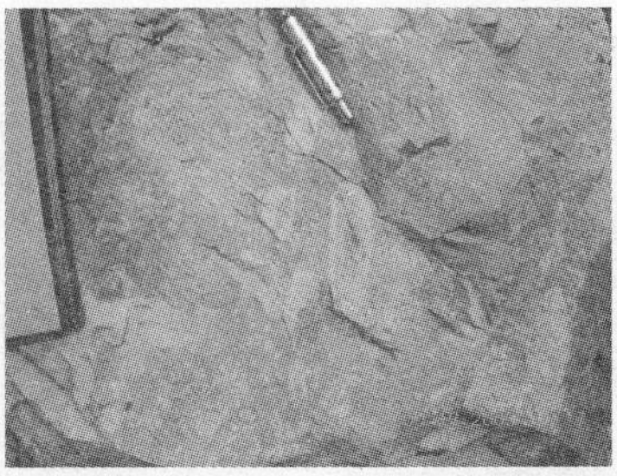

No. 15：E114°24.407′ N29°41.543′

No. 16：E114°24.148′ N29°41.651′

No. 18：E114°21.517′ N29°47.945′

No. 19：E114°22.213′ N29°59.200′

志留系岩性观察点、烃源岩观察点、盖层观察点、储层观察点、构造观察点。

岩性特征，地貌特征观察；产状测定，断层、揉皱、擦痕、阶步、波痕观察、判别；泥岩、砂岩、炭质页岩等在成藏中的作用。

志留系在实习路线区出露较完整，包括下统高家边组、中统坟头组和上统茅山组，志留系与下伏奥陶系接触关系在路线区因覆盖而不清楚，但与上覆地层接触关系比较清晰，如在通山城南（观察点 No. 3）为 $C_2 HL/S_3 m$ 平行不整合接触，在纸坊为坟头组（$S_2 f$）与五通组（$D_3 w$）平行不整合接触。

No. 20：E114°23.467′ N30°01.655′

贺胜桥镇—金牛镇省道旁采石厂栖霞组、茅口组岩性观察点、构造观察点。

观察栖霞组、茅口组岩性特征（岩性、颜色、燧石结核等）；观察几组断层及擦痕、阶步。

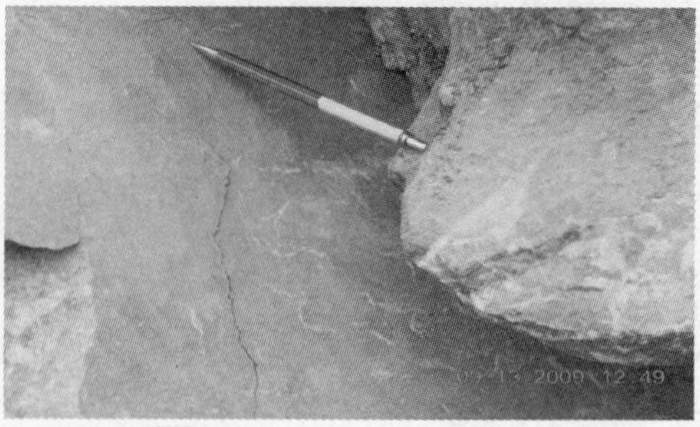

下部为 $P_1 q$ 灰黑色、黑色薄—中层炭质灰岩、灰岩，炭化程度较高，呈发亮沥青、煤状，敲开新鲜面有 H_2S 气味，地层产状 153°∠60°。炭质灰岩中发育一组顺层方解石脉体，见炭化沥青、铜绿。上部为 $P_1 m$ 灰白色、灰色厚层、块状灰岩。两者断层接触。

P_1q 与 P_1m 断层接触，断层走向 152°，NE 倾向，见角砾岩、方解石脉体、擦痕，上盘为 P_1m 厚层、块状灰岩，下盘为 P_1q 薄—中层炭质灰岩。

P_1q 薄—中层炭质灰岩发育一条走向 235°断层，与层面小角度相交。

茅口组由灰黑色泥晶灰岩、含燧石结核灰岩、硅质岩等组成，有臭鸡蛋气味、裂隙发育；栖霞组为黑灰色炭质灰岩，含燧石结核、燧石条带，上、下部含炭质、钙质泥岩，泥岩包裹灰质，呈疙瘩状(瘤状灰岩)。断层面上擦痕和阶步清晰。

No. 21：E114°20.966′ N30°10.697′

侏罗系岩性观察点、沉积观察点、储层观察点。

侏罗系岩性特征；侏罗系沉积构造；砂岩储层特征；断层性质分析。

侏罗系在路线区主要分布于沉湖-土地堂复向斜区，呈南西—北东向条带状展布，在山坡新建村出露较好，属武昌群，发育有武昌群的下统地层，下部为程潮组，岩性主要有厚层状长石石英砂岩(为一套优质储层)、粉砂岩、泥岩夹薄煤层，属河流相沉积，底砾岩、斜层理等发育；上部为大王冲组，岩性为灰绿色粉砂岩、泥岩夹炭质页岩、薄煤层等，属湖泊-沼泽相，双壳类化石发育。同时，野外还可观察到多条断层，通过地层错动关系、擦痕等分析断层性质及断层发育期次关系。

No. 22：E114°19.4684′ N30°17.0217′

D/S 志留系与泥盆系岩性分界点观察，断层性质和相关现象观察、分析。

该点位于江夏区林港村(凌云水泥厂北 500m)，下伏地层为 S_{2+3} 灰黄色、土黄色泥质粉砂岩、泥岩，整体为一破碎带，地层产状混乱。上覆地层为 D_3 灰白略偏红色、中厚层状石英砂岩，地层产状 165°∠32°。推测两者平行不整合接触。

该点的构造特征：S_{2+3} 泥质粉砂岩、泥岩断裂带，发育对冲断裂体系，一组断裂由北向南逆冲，断层产状：335°∠62°、316°∠64°、319°∠64°；一组断裂产状：185°∠62°、182°∠73°。伴随断裂活动，发育有牵引构造、断层泥，从牵引判断主要为逆断层。同时在主断层的上盘还可见滑脱型正断层。

No. 23：位于纸坊 3303 厂内白云洞景区石炭系黄龙群(C_2HL)

鲕粒灰岩、球粒灰岩的观察，储集层的岩性类型、储集空间观察分析，观察溶洞的溶蚀现象、分布特点。

该点主要出露石炭系黄龙群地层，主要为浅灰色厚层状泥晶白云岩、灰色厚层状、块状泥晶灰岩以及灰、暗灰色厚层状含生物泥晶灰岩，在白云洞山顶上还可观察到厚层䗴状灰岩。该点生物化石较发育，主要有䗴、有孔虫和珊瑚等，该组地层溶蚀现象普遍，溶孔、溶洞发育，是扬子地区优质储层之一。

在风化面上还可较清楚地观察到白云岩刀砍纹现象。

No. 24：纸坊八分山、地大南望山等

地层界线点，平行不整合接触观察点，烃源岩(S)、储集岩(D)观察点。

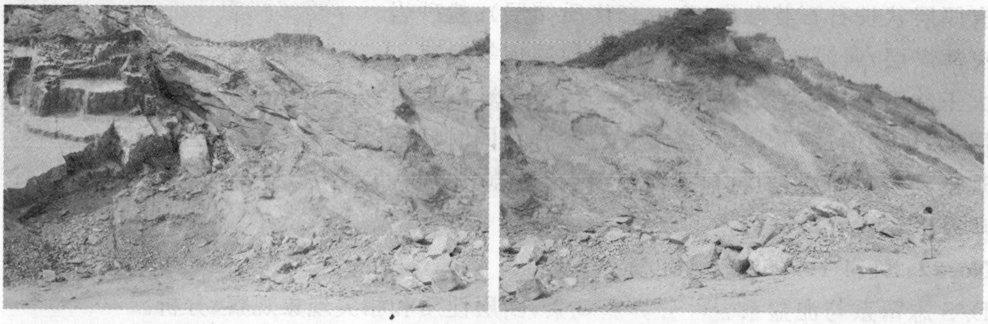

志留系与泥盆系接触关系点因大量开采泥盆系石英砂岩而变得十分清晰，志留系(S_2f)为黄绿色含粉砂质泥岩，泥盆系(D_3w)则为灰白色厚层状石英砂岩，见楔状层理，志留系顶部可见10～20cm风化层，平行不整合接触。志留系泥岩是一套区域性盖层和烃源岩，泥盆系则为储集层。

附:实习区风俗及旅游景点简介

一、中华桂花之乡——咸宁

咸宁市是长江中游南岸的一座新兴中等城市,东临赣北,南接潇湘,西望荆楚,北倚武汉,地处长江黄金水道与京广铁路大动脉交汇处和鄂湘赣三省毗邻的“金三角”地带,境内四线(京广铁路、106国道、107国道、京珠高速公路)穿南北,一水(长江)连东西、山青水秀、资源丰富,交通方便,区位优越,素有“湖北南大门”之称。

咸宁市原称咸宁地区,1999年撤地设市。现辖咸安区、嘉鱼县、赤壁市、通城县、崇阳县,共有63个乡镇和6个乡镇级办事处,市委和市政府设在温泉开发区。全市总面积9 861km^2,现有耕地14.594×10^{4}公顷,其中水田面积10.363×10^{4}公顷,旱地4.231×10^{4}公顷。全市总人口277万人,其中农业人口200.2万人,人口密度280人/km^2。境内地势最高点为通山县九宫山镇老鸦尖,海拔1 657.7m,最低点为嘉鱼县斧头湖,海拔10m。主要山脉有幕阜山、大幕山、九宫山。除长江流经本地外,较大的水系还有陆水、富水、淦水等河流。

咸宁市已探明地下矿藏132种,具有较大开发价值的有40多种,其中金、铌、铜、锰、钼等10种矿产储量居全省第2位,铝、锌、钨、锑等12种矿产储量居全省第1位。通山县的大理石、花岗岩资源丰富,花色品种多,产品远销国内外;通城瓷土品质好,有“湖北瓷都”美誉。咸宁自然条件优越,土壤肥沃,气候温和,光照充足,具有广阔的开发前景。全市森林覆盖率达49%,木材蓄积量约4.5×10^{6}m^3,木本植物资源有1 000多种,药用植物919种、动物资源有200多种,其中国家、省级珍稀保护动物52种。负有盛名的名产是桂花、楠竹、茶叶、苎麻和咸安苗木、嘉鱼蔬菜、赤壁猕猴桃、通城生猪、通山水果、崇阳雷竹,是闻名全国的桂花之乡、楠竹之乡、茶叶之乡、苎麻之乡。咸宁是湖北重要的旅游区,境内气候宜人,自然风光绮丽多姿,旅游资源极为丰富。其中有景色迷人的星星竹海、桂花观赏园,有国家级风景名胜区、道教圣地九宫山和称誉中外的赤壁古战场,有中南明珠陆水湖和巧夺天工的太乙洞,有北伐战争纪念地汀泗桥和农民起义领袖李自成墓,还有可治疗多种疾病的温泉。星罗棋布的俊山、秀水、奇洞和众多的名胜古迹遍布鄂南大地。

二、实习区旅游景点

(一)九宫山

九宫山位于湖北省通山县城东南。绵亘百里,主峰海拔1 657.7m,境内千峰争翠,万壑竞幽,峰、岭、岩、台、洞、泉、池等奇丽景物引人入胜,是湖北省6个国家级风景名胜区之一。因南朝“晋安王兄弟九人建九宫殿于此山,遂以为名。”此后,多朝皇帝封山赐匾,历代文人作赋题词,延至南宋名道士张道清赴九宫山开辟道场,香火远播,九宫山便成为全国五大道场之一,特别是1645年明末农民起义领袖李自成殉难于九宫山,从此九宫山声名远扬。如今闯王陵已成为全国重点文物保护单位和全国唯一保存下来的农民起义领袖陵寝。

九宫山为道教名山。宋代淳熙十四年(公元1187年),道士张道清于山上建造九座道观,遂成为道教胜地,元、明各代屡有修葺,后大多建筑被毁。现仅存九王庙、真牧堂、石城门、一天门等建筑,并留有宋、明、清三代文人墨客摩崖题刻十余处。

九宫山处于"三峡"、"三国"和"武(汉)岳(阳)庐(山)"旅游线中心,北距武汉178km,106国道顺山脚而过,环山公路把旅游景点连为一体。山上有70余家休养院所,还有影院、书店、商场、医院、游乐场等设施,为游人提供了周到的服务。1984年12月5日,胡耀邦总书记亲临九宫山视察,挥笔题写了"九宫山"三个大字。

自1994年九宫山被国务院批准为国家级风景名胜区以来,通山县加大了旅游景点开发力度,扩建了真君石殿、云关古寺,开发了云飞洞天、石龙沟等新景区。现已形成各具特色的五大板块,即云中湖游览区、石龙沟游览区、铜鼓包游览区、森林公园游览区、闯王陵游览区。

九宫山面积210 km^2,雄奇险峻,景色迷人。春可赏花,夏好避暑,秋看红叶,冬览雪景,既有南国山峰的俊秀,又兼北国风光之壮美,是华中地区闻名的避暑游览胜地。盛夏季节日平均气温21℃左右,最高气温不超过30℃。夏天一日三季:午前如春、午后似秋、晚如初冬,素有"天下第一爽"之称。山上海拔1 230m的云中湖为我国最具特色的高山湖泊;有全国落差最大的大崖头瀑布(落差420m);还有面积6万多亩、分布近千种名贵动植物、近百种珍稀濒危物种、拥有大面积原始森林和第四纪冰川遗迹的省级森林保护区——九宫山森林公园。2007年8月1日,九宫山经国务院批准列为国家级自然保护区。

老鸦尖海拔1 656.7m,被称之为鄂南第一峰。这里春天林木滴翠,繁花似锦;炎夏清风徐徐,凉爽宜人;秋季红枫妖娆,山青水秀;深冬银妆玉树,北国风韵。相传南宋淳熙十四年(1187年),湖广著名道士张道清寻山传道选中此地。自此,来自湖广、江西和河南的香客长年络绎不绝,九宫山成天香火缭绕,给这座名山涂上了神幻的色彩。明末以后数百年间,由于连年兵荒马乱,山上名胜屡遭破坏,九宫山道场从此一蹶不振。建国后,党和政府多次拨款开辟九宫山风景区。1984年12月5日,胡耀邦总书记视察鄂南时,兴致勃勃地登上九宫山,对九宫山的自然风光给予了高度评价。九宫山的自然风景,富有浓郁的神幻色彩。如今,主要胜景有八处:青松迎宾、云湖夕照、泉崖喷雪、云海波涛、真君石殿、伏虎天门、云关石刻、陶姚泉洞、奇观异景,令人赏心悦目,流连忘返。

铜鼓包也叫铜鼓峰,是九宫山的主峰,距云中湖4.7km,海拔1 546m,峰顶极像一只巨大的圆鼓,故名铜鼓包。它与三峰尖、龙瑞山、老鸦尖四峰并列在同一条中轴线上,都在海拔1 500m以上,形成幕阜山脉的高耸奇峰,且都为冰川角峰。1986年修通了铜鼓包至森林公园的旅游公路。

九宫山餐饮有着自己的特点,清新、自然、山菜野菜当家。吃过大鱼大肉的城里人,上山绝对要以品野菜山菜为乐。尤其是以不同时期的竹子为原料的佳肴更具特点,如竹笋烧肉、笋干汤、竹筒饭、竹筒蒸菜等让你觉得好有味道,山上的菜味道较重,干豆角、蕨菜、小干鱼、干萝卜、豆豉等这些菜对爬了山、出了大汗的人来讲,会胃口大开。

(二)赤壁石城

赤壁石城位于现在的老市区,唐贞观七年(公元63年)蒲圻县城从陆溪川中迁于此,当时无城,以山为屏。明万历三年(公元1575年),知县胡其高倡修,历经223年,于清嘉庆三年(公元1798年)建成石城,城墙全部由条石砌就。城高7m,周长3.5km,厚5.3m,城上砖垛高2m,石城建有6门,东曰"聚奎",南名"迎薰",西南"丰乐",西谓"宝城",西北"通汇",北称"拱极",陆水河环绕南、东、北、西4门流过,成为天然护城河。蒲圻石城是鄂南唯一幸存的一座石城,1968年拆除了"宝城"、"丰乐"二门,今存"聚奎"、"迎薰"、"通汇"、"拱极"4门和大部分城墙。

据《三国志吴书》载:周瑜、鲁肃、吕蒙、陆逊、吕岱先后均在蒲圻一带驻有重兵,吴主孙权3次在蒲圻陆口为诸军节度。赤壁之战时,此地曾筑土称营里,为鲁肃屯粮之处,今犹称鲁肃粮城。

(三)星星竹海

星星竹海风景区,地处湖北省咸宁温泉,距九省通衢要地——武汉市86km,距咸宁温泉城区16km。风景区最高处海拔700多米,年平均温度为15℃左右,无霜期大约260天,现有竹林面积万余亩,覆盖率达90%左右。

星星竹海四季景色迥异。春天,望春花开,百鸟争鸣,雨后春笋,层出不穷;夏天,新竹抽梢,枝叶婆娑,婀娜多姿,青翠欲滴;秋季,天高云淡,风清月明,竹海莽莽,波澜起伏;冬时,大雪初霁,遍地修篁,琼枝玉叶,风光旖旎。八方游客四季游览竹海,无不有春浓、夏凉、秋暖之感。置身万顷碧波的竹海,只见苍翠挺拔的老竹,如同甲胄裹身的武士;而弯弯新竹,又似柔情似水的少女;漫步竹林深处,两旁翠竹夹道,竹叶轻拂面颊,显得万般温柔、宁静和典雅。难怪现代诗人郭小川昵称:"楠竹如同少女,可亲,可吻,可恋,可爱"。

(四)咸宁温泉

位于武汉以南80km外的咸宁市。咸宁温泉又名沸潭,水温达到50℃。它的泉水出自岩

窟,水激石岩,沸沸涌涌,雾气蒸腾,被称为"温泉虹影"。这里共有泉眼14处,泉水呈淡黄色,含有硫酸盐、碳酸盐、钙、镁、钾、钠等十多种矿物质及其他微量元素,经常沐浴可防治皮肤病、风湿性关节炎、肠胃病、神经炎、溃疡病、感冒。

咸宁又是我国著名的桂花之乡,距咸宁温泉16 km的桂花镇桂树遍野,到金秋八月桂花竞放之时,当地总是香风四溢,沁人心脾。咸宁桂花色泽晶莹,香味浓郁,兼有江苏吴县和广西桂林两地桂花的优点。在花纹山飞仙洞下有一株树龄达120年的丹桂,至今枝繁叶茂,每年中秋前后要开两次花;在它不远处的泉塘畈更有一株四季开花的桂花,在隆冬时节仍然满树花朵,甚是神奇。

(五)太乙洞

太乙洞风景区位于咸宁市温泉城区西南5km的石乌山,距武汉86km,交通十分便捷。该洞的形成至今约360万年,相传是太乙真人为民治水掘凿而成。

主洞全长2 000余米,洞内钟乳倒悬,石笋群立,有太乙神像、劈山宝剑、苏武牧羊、天赐神

鼓、锦锈长城、卧龙池、观音坐莲、珍珠塔等主要景点48余处。其中,太乙神像、天赐神鼓、神龙卧波、天然石瀑四处景点为洞中四宝。还有可以容纳万人的大厅,且洞中有洞、景中藏景,其自然造化堪称鬼斧神工,被誉为“楚天第一洞”。

国家旅游局局长刘毅、中国著名书法家赵朴初都曾欣然命笔,为太乙洞提词。位于太乙洞顶的太乙观,翠竹蔽荫、香火缭绕,灵官殿、太乙殿飞角鎏檐,并建有八卦阵、练功场、梅花桩、步云长廊等一批景点。

(六)赤壁古战场景区

赤壁是三国古战场遗址。位于长江中游南岸赤壁市境内,沿江而上,通洞庭巴蜀,经武汉东下可达吴越苏杭,北望汉沔千里沃土,隔江就是洪湖乌林。东汉建安十三年(公元208年),曹操率二十几万大军南下,连克新野、襄阳数城,从江陵顺江东下,与逆江西上的孙权、刘备五万联军初战于赤壁,曹军失利,退回江北,屯兵乌林(今洪湖县乌林乡),与孙、刘隔江相峙。后孙刘联军巧用火攻,乘东南风大起,向曹营举火,火船借助风势,直冲曹军水寨。曹军船只一时尽着,岸上营落,火逐风飞,烈焰冲天,一片火海,把南岸崖壁照得一派通红,赤壁也因此得名。孙刘联军乘势进攻,曹操领余部经华容小道(今鉴别县西北)向江陵败走,从而奠定了魏、蜀、吴三分天下的局面。这就是中国历史上著名的赤壁大战。赤壁大战的漫天烈火早已熄灭,但那赤色的悬崖绝壁,不尽的滔滔大江,大战时的处处阵迹,赞美赤壁的碑刻和诗篇,却一直吸引着无数的金甲武将、文人墨客。

赤壁旅游区由赤壁山、南屏山、金鸾山三山组成。其主要景观有以下几处。

(1)赤壁摩崖石刻:在赤壁山临江悬崖上,有石刻“赤壁”二字,各长150cm、宽104cm,据说当时赤壁大战,孙刘联军火烧曹军战船,江面一片火海,把江边崖壁映得通红,周瑜率兵大败曹军后,把酒庆功,酒酣之余,提剑在崖壁上刻下“赤壁”二字,因是巨手神笔,力盖千钧,字迹竟透过石崖到了山后,映出了反体的“赤壁”二字。其实二字为唐人所题刻,虽经千年风雨的侵蚀,惊涛骇浪的拍击,字迹至今清晰完整。二字之上有唐代道人吕洞宾刻“鸾”字形符号。两侧刻有游人诗赋,其下有明初王奉《过赤壁偶成绝句》二首,诗曰:“赤壁横岸瞰大江,周瑜于此破曹郎。天公已定三分势,可叹奸雄不自量。孟德雄心实唊吴,皇天未肯遂其图。水军八十万东下,赤壁山前一火无。”据宋人谢枋得《赤壁诗序》载:“予自江下溯洞庭,舟过蒲圻,见石岩有赤壁二字”。明正统《嘉鱼县志》载:“赤壁、削壁面西,上有‘赤壁’二字见存”。唐代诗人李白在游览赤壁时写出了“二龙争战决雌雄,赤壁楼船扫地空。烈火张天照云海,周瑜于此破曹公。”的著名诗句。

(2)翼江亭:在赤壁山临江矶头。建于1936年,系麻石构成,上盖琉璃瓦,六柱六角,塔状尖顶,以赤壁山、铁山似昆鹏两翼而得名。相传赤壁大战时此处为周瑜的指挥哨所,站在此亭中,可凭栏远眺隔江乌林,为当时曹军驻扎的大本营。此亭六柱六角,仿明清建筑风格,重建于1936年,亭柱有民国蔡汉卿手书前人的楹联一副:“江水无情红,凭吊当年,谁别识子布危言,兴霸良策;湖山一望碧,遗留胜迹,忧怀想周郎声价,陆弟风徽”。

(3)拜风台:又名武侯宫,坐赤壁山东南处的南屏山顶,是纪念赤壁之战时诸葛武侯在此“设坛台、借东风、相助周郎”而建。建筑面积有310m²,分前后两殿庙堂,内殿供有刘备、关羽、张飞、诸葛亮的全身塑像,袍带飘逸,栩栩如生。左侧有文物陈列馆,建于1979年,馆内陈列赤壁出土文物1 000余件,有刀、枪、剑、戟、镞、戈、带钩及东吴铜币(“大钱当千”、“大泉五百”、

“大泉当百”)，并有东汉铜镜和“剪轮五铢”钱及大量东汉、三国时的陶器等。右侧于1975年建有“东风阁”，供游人歇憩。据清同治《嘉鱼县志》、《蒲圻县志》载，拜风台始建于明洪武十五年(公元1382年)，由嘉鱼知县刘秉政主修，称关主庙。明万历三十八年(公元1610年)，嘉鱼知县葛中宪重建拜风台。今拜风台系1935年重建，1948年维修。

(4)周瑜石雕像：赤壁矶头，一处开阔平地上，矗立着三国东吴都督周瑜的石雕像，像高9m，是湖北省最大的人物石雕像。

(5)凤雏庵：位于南屏山东南的金鸾山上，相传为赤壁之战时，号凤雏先生的庞统披阅兵书处，后人于此建凤雏庵。现庵堂建于清道光二十六年(公元1846年)，原为九重大殿，今仅存最上一重，建筑面积300m^2，分3个殿室：第一室供奉有庞统全身塑像，第二室为赤壁图书馆，第三室为接待、休息室。凤雏庵外有千年银杏树一株，其枝叶如一巨大伞盖，荫盖着凤雏庵。

(6)赤壁碑廊：位于拜风台右侧，东风阁后。1985年动工筹建，碑廊建筑面积277m^2，1986年5月竣工开放，为四合回廊式、钢筋混凝土及木石结构。门楣有李尔重题“赤壁碑廊”四字，廊内镶嵌有25块石碑，石碑与墙面连为一体。碑上有历代诗人关于赤壁之战的诗、词，由北京、上海、天津、广州、武汉、扬州等地的王遐举、沈鹏、任政、关山月、徐久达、吴丈蜀等全国著名书法家所书，赤壁碑廊后墙的正中还有一块长4.7m，高1.5m的黑色大理石碑，碑文乃南宋民族英雄岳飞的手迹，内容为诸葛亮的前后《出师表》。这些碑刻，行、草、篆、隶，各具千秋，精雕细镂，堪称不朽之佳作。

(七)陆水湖

陆水湖是国家级重点旅游风景名胜区，因三国东吴名将陆逊在此驻军而得名。陆水湖水域面积57km^2，蓄水量$7.2\times10^8m^3$。湖中800多个岛屿星罗棋布。最大的岛有100多公顷，最小的如一叶扁舟。湖中水质澄明碧透，水上碧波荡漾，渔舟轻发，快艇如织。湖南岸的雪峰山上林丰竹茂。陆水湖风景区以山幽、林绿、水清、岛秀闻名遐迩，是避暑消闲、旅游度假、康复疗养及水上运动的理想之地。陆水湖的主要景点有以下7个。

(1)三峡试验大坝：1997年11月8日，当世人瞩目长江三峡工程截流现场时，请不要忘记了为三峡工程早期试验有过杰出贡献的鄂南赤壁市陆水湖三峡试验坝的建设者。1958年，经毛泽东主席、周恩来总理批准，在此兴建大型水利水电综合试验坝，即“三峡试验坝”。这是中国水利史上第一次采用大块体预制安装筑坝施工方法的试验。同时，一系列相关试验为葛州坝水利枢纽工程建设提供了科学依据。如今，陆水湖景区的“三峡试验坝主题公园”将带游客重温这段历史。

(2)水浒城：中央电视台电视连续剧《水浒传》的外景拍摄基地之一——中华水浒城，由聚义厅、梁山后寨、郊野一条街三大景区组成。如今，已成为传播中华传统文化，集山林、湖、岛野趣、风景优美为一体的多功能旅游区。“郊野一条街”坐落在雪峰山北麓陆水湖南岸，是仿古建筑“江州城”的一部分，由大小不同、造型别致的二十五间房屋组成。它以有限的空间浓缩和再现了北宋时期的街屋店铺风貌。“王婆茶馆”、“狮子楼”、“潘金莲宅”、“武大郎炊饼店”、“西门庆生药铺”、“镇关西肉铺”等景观伴随着脍炙人口的水浒传故事引人入胜。每逢节假、双休日，景区内还有水浒故事和民俗风情类的节目表演。

(3)“梁山后寨”是众头领及家眷居住之地。中央电视台《水浒传》剧组曾在此实地拍摄了梁山好汉打下祝家庄以后举行庆功晚宴，王英与扈三娘武打，矮脚虎王英招亲，晁盖、宋江、吴用商量攻打曾头市等几场重头戏。

(4)“聚义厅”是梁山好汉操练、点将、聚会之地。与“水泊梁山”发展有关的许多重要决策在此酝酿形成。厅堂内设有梁山首领塑像。正厅内两侧是梁山好汉依次排座的牌位。

(5)神龙异国风情岛：是一处集蛇类观赏、异国风情歌舞表演、游客参与等游览项目于一体的旅游景点，刺激性、趣味性强。主要活动有：游览生态蛇园；飞天蹦极、乘氦气球升空观赏陆水湖美景；湖上飞人高空溜索；异国民俗风情歌舞专场表演等。

(6)金鱼岛：因地形平面图似金鱼状而得名。圆梦锁挂锁区祝您心想事成，好梦成真；您还可在鸟语廊和百鸟园中戏鸟；孔雀园中饲喂孔雀；鱼池观鱼等。岛上高坡滑草、险渡将军桥惊险刺激，让您流连忘返。

(7)民俗乐园：以再现和重塑源远流长的鄂南民俗风情及返朴归真的农耕文化为主，集观赏、游乐、休闲、健身于一体。有民俗风情区、农耕文化区、民居度假区、烧烤垂钓区、神农百草区、水上娱乐区六个游览区。楚风阁、垂钓中心、鄂南民居、民间生产生活用具、水车博物馆引领您重归梦里老家、乡村故居。刀山火海等少数民族传统歌舞表演魅力独特，引人入胜。民俗乐园内林荫蔽日，紫藤夹道，鸟语花香，景观别致，路随山转，步随景移，是重温传统民俗文化、弘扬民族精神的好去处。

(八)好运岛

好运岛位于陆水黄金水域，植被茂盛，空气清新。景区根据三国文化与中国民俗文化，设计表现为“福禄寿禧”四大主题的游客项目。项目有：钱币展、鱼洗、百家姓、关帝寺、好运鼓、财神庙及三维太空房、水上降落伞、水上摩托车、水上自行车等丰富多彩的参与项目，惊险刺激、其乐无穷。它是您探求知识、休闲度假、祈福求财的理想之地。

除此之外，咸宁地区的旅游景点还有通山大夫第、咸宁刘家桥、玄素洞、闯王陵“门楼—墓家”、汀泗桥、金桂湖、飞仙洞、131地下军事工程、雪风山，等等。

(九)中国绝密地下工程

湖北咸宁黄永胜的故乡，有个神秘的“131”工程。

说它神秘，一是因为它曾经是一项绝密战略工程；二是因为它与毛泽东、林彪和黄永胜等人有关。

“131”绝密工程位于湖北省咸宁市高桥镇，与黄永胜的老家仅有一山之隔。这里群山环抱、林木葱茏、位置隐蔽，即使飞机低空侦察也很难发现，的确是一个修建军事设施的好地方。

说起“131”这个名称，颇有一番来历。早在20世纪60年代的珍宝岛战役以后，前苏联在边境线上陈兵百万，对我国虎视眈眈。为反对侵略战争，中国最高当局决定在华中腹地修建一座防核战争地下指挥部，以备战时急需。时任中央政治局委员、中国人民解放军总参谋长的黄永胜奉命选址，将绝密工程的地点选在他的故乡。由于这天是1969年1月31日，故工程代号为“131”。

绝密工程的地面建有毛泽东和林彪的别墅，丝毫看不出绝密工程的痕迹。“131”工程三面环山，南面一条柏油公路通向山外。这里院墙围着四周，有的地方还拉有铁丝网。院内树木参天，枝繁叶茂，主要有毛泽东主席和林彪的别墅，以及原警卫部队的宿舍和有关生活设施。

毛泽东主席的别墅称为“1栋”，布局科学而又迷人。宽敞的窗户，方形的吊灯，高大的书柜，华贵的木质地板，就连靠墙的暖气柜也套着十分精致的木罩。据宾馆工作人员介绍，房内布局是根据毛泽东主席的居住习惯设计的，专供战争间隙毛主席在地面办公。房内舞厅、书房、会议室、健身房等设施一应俱全。房间的东北角与“131”地下工程的地道口相通，一旦有情况，随时可以转移。

林彪的别墅座落在毛主席房子对面的山坡下，也是青砖红瓦，但整体结构和房间设施却不能与毛泽东主席的相比。

若从表面看，这里没有半点绝密工程的痕迹，倒像一个受到保卫的高干疗养院或重要科研机构，据宾馆小姐介绍，由于没有发生战争，所以毛主席和林彪从未到过这里，倒是黄永胜来此视察过。

庞大的地下绝密工程宏伟壮观，“131”地下绝密工程现已部分对外开放，由于它的知名度和神秘感，所以每天都有不少人慕名来此参观。据导游小姐介绍，该工程分上、中、下三层，现在向游人开放的是中层的一部分。

“131”地下工程的中层，是部队首长及战勤人员的工作居住区，地道两旁有大小100多套房间，地下工程出入口共有8个，我们看到的有两个。一个是与毛泽东主席“1栋”别墅连在一起的，另一个是我们参观进去的主洞口。主洞口坐东朝西，高约6m，宽约5m。洞口装有两扇重达数吨、厚度达50多厘米的铅门，据说是用来对付导弹的。

从主洞口进去50m左右的地面，装有一个巨大的圆形铁盘，直径约有6m。人们只要用脚轻轻一拨，铁盘就会旋转。据导游小姐介绍，这是运送物资的汽车开进地道后倒车用的。沿地道往前走，又有两扇重达数吨、厚度约30cm的铅门。穿过此门，便是一个灯火辉煌、令人眼花缭乱的“地下世界”。整个“地下世界”以中央作战部为基地，略呈“V”型摆开，全长近800m，共有住房130多套，面积约2 000m²。每套房间的大小不等，结构也不尽相同，大都分布在地道走廊的右侧。走廊地面由彩色水磨石铺成，明亮光滑，倒映着头顶的电灯，显得宏伟壮观。“131”地下工程，装有发电机组、大型风力通讯设备。

倘若战争爆发，毛泽东主席可以在这里运筹帷幄，统帅三军。“131”地下工程的中层，有一套标有“65号”这样的居室，是专为毛泽东主席建造的。

毛主席的房间铺有木质地板，据说是进口且经过特殊处理的，虽然过去20多年，但没有一点变形。为了保持室内干燥，房间的墙壁也是夹层的，内墙上还开有窗户。房间的门锁、拉手、窗扇的合页和插销都是黄铜制成的，只要轻轻擦拭，仍光亮如新。

在毛主席卧室卫生间里，有两样陈设引人注目，一是浴盆；二是墙上的镜子。浴盆表面呈白色且极富光泽，它比我们常见的浴盆要大三分之一。墙上的镜子是用特殊材料制成的，不管室内有多大的水蒸气，镜面始终不结雾气。我们开始不信，随即用嘴使劲哈气，果然没有任何反应，镜面依旧光亮照人。

毛主席书房的右边是作战指挥部，房间十分宽大，墙壁上悬挂巨幅军用地图的框座还在。可以想见，一旦战争爆发，毛泽东主席将在这里，运筹帷幄统帅三军，指挥反侵略战争。

“131”工程（包括地下工程和地面建筑设施）总投资达 1.3 亿元，若按现价计算，大约要花 10 亿元。按照当初的设计，“131”工程还有飞机场、铁路、高速公路等附属工程。由于林彪反党集团的垮台，“131”地下工程尚未全部竣工便草草收场了。

为了适应改革开放的需要，中共湖北省委办公厅于 1981 年作出决定，将“131”工程移交给湖北咸宁地区管理，此后更名为“咸宁地区澄水洞宾馆”。由于这里交通便利，环境清幽，有闻名遐迩的“131”工程，慕名来此旅游参观的人络绎不绝。

这就是黄永胜家乡的“131”绝密工程，随着改革开放的不断深入，它已成为咸宁地区一个著名的旅游景点和疗养胜地。

（十）咸宁地区风俗习惯

咸宁是驰名全国的楠竹之乡，竹风俗醇厚古朴，源远流长。竹风俗自古以来便融入人民的生活之中，千百年来代代相传。咸宁竹民俗涵盖很广，如生产、婚嫁、年岁、节令、丧葬等方面，咸宁人民赋予了竹子平安吉祥、祈福避邪的含义。

(1)生产习俗：打鼓挖山、栽竹鞭童。

(2)婚嫁习俗：竹签挑发、竹歌哭嫁、竹轿迎亲、竹伞进门、帐篙陪嫁。

(3)生育习俗：舅送摇窝。

(4)节庆习俗：爆竹筒驱邪、玩龙灯祈福、采莲船送财、少年骑竹马、元宵竹灯谜、挂灯笼。

(5)孝俗：挖冬笋孝母。

(6)待客习俗：打灯笼接贵客、宴席竹笼蒸菜。

(7)占卜习俗：求签打筶、竹筷扶乩。

(8)丧葬习俗：竹筛菜籽、烧竹骨伞、灵屋供奉、竹杖诉哀、竹冠服孝。

(9)其他习俗：放风筝消灾、竹梳竹篦配套。

（十一）咸宁地区特色小吃

(1)冲糯米粉：各里巷间，有很多挑担卖冲糯米粉者，现冲现卖。除糯米粉外，还有豌豆粉、藕粉之类，谁喜欢哪种便可冲哪种。冲粉子不仅方便可口，营养价值也较高，人们常以此为“过中”食品。

(2)酥心鸡蛋麻花：麻花，都晓得，就是把面和好、搓熟，然后那么一绞，放进锅里一炸，黄金亮色，干脆干脆，蛮好吃。麻花哪儿都有，但湖北嘉鱼（东吴古镇六口）的鸡蛋麻花却别具一格，它的特点是：色泽金黄透亮，折断后，里外颜色一个样，里面呈蜂窝状。一根麻花只有两寸长，短而漂亮，入口脆、酥、香，当地有句歇后语：六溪口的麻花——又娇（焦）又酥。麻花有三种：一种是甜的；一种是咸的；还有一种是粘上芝麻的，最具特色。无论哪一种，都具有上述特点，能当点心吃，也可拧碎炒鸡蛋、打汤，还可以将碎麻花用来拌皮蛋，加上酱油、麻油等调料，成为一种特殊风味的下酒菜。

(3)春鱼：赤壁市新店镇的新溪河出产一种奇特的小鱼，名曰“春鱼”，成为新店镇一种神奇稀有而名贵的特产。春鱼每年在一定的时间内，在一定的河段上悄悄地来，又悄悄地消失，时间、地点、数量均有一定规律。据每年人们所能捕捞到的，一般不过 2 500kg(干品)。春鱼体小肉嫩，身长 1.5～2.5cm。以当地渔民捕捞经验，按时间分为“三水”：头水鱼最小，长约 1.5cm，质最佳，量最多；二水鱼稍长，约 2cm，质次之，其量与头水鱼相似；三水鱼较二水鱼大，长约 2.5cm，量也较少。

(4)腊肉：用柴火熏烤的香，用节日堆积的情，拧一块，想念至今。

(5)赤壁肉糕：肉糕是咸宁地区一道名菜，赤壁人对它则情有独钟，吃肉糕成为赤壁的一种世风。民间红白喜事宴席上少不了肉糕，且上第一道菜先上肉糕。在民间有“无糕不成席”的说法。提起肉糕，还有一个有趣的故事呢。相传楚王嗜鱼成性，但又时常被刺卡喉咙而恼火，许多厨师因此而成了刀下鬼。后来，有一赤壁厨师在剖鱼时意外发现鱼刺很容易和肉分离开来，于是把分离出来的鱼肉和猪肉掺和配上佐料剁成泥蒸成块型。楚王食之，惊喜不已。肉糕从此问世，而且名声大振。从那时起，厨师告老还乡把技艺传流到民间后，人们把肉糕捧为“天子宴席”的佼佼者，所以赤壁人直到现今喜爱吃肉糕兴盛不衰。

(6)嘉鱼麻糖：是独具特色的地方风味食品，有一千多年历史。嘉鱼牌嘉鱼麻糖选用优质纯黑白芝麻仁、糯米、蔗糖为主要原料，经科学配方，精心制作而成，营养丰富，老少咸宜。

(7)贺胜鸡汤：咸宁市咸安区贺胜桥镇地处鄂南，以当年北伐时叶挺将军在贺胜桥一战而闻名全国，贺胜桥气候温和，本地饲养的“土鸡”肌肉丰满，皮薄肉嫩，油脂较多，味道鲜美。南来北往的客人吃后赞不绝口。

贺胜鸡汤的制作方法是：第一步宰杀、去毛。把鸡杀死，血放净，趁鸡身尚温时，把鸡放入 58～60℃的热水中。将鸡毛去净后，再放入清水中冲洗，做到鸡身无细毛，无朦皮；第二步开膛、加工。在去净毛的鸡脖子上方开一小口，露出气管和食道管，再用手抽出鸡嗉一同割掉，再在臀部和两腿之间割一小口，把鸡尖划破，肛门冲开，用清水冲洗，再掏出鸡的内脏，冲去内脏污浊；第三步配料煮鸡，净全鸡放入高压锅中，放入精盐、料酒、姜片，添上清水，置于旺火之上清炖高压，使其佐料浸透鸡肉，约半小时后，将高压锅放气揭盖，再放入小火慢煨使肉汤味匀透，再放入本地特制的苕粉线，待其滚沸飘香，油汤泛黄后，盛入碗中即可食用。这样制作出来的贺胜鸡汤色黄、味醇、汤鲜、肉嫩，营养价值很高，最适宜老人、儿童、孕妇和病后滋补，有壮阳、补血、利脾、健身之效。尤以旅宁、和平、正宗三酒店特制的“贺胜鸡汤”最为有名，南来北往的旅客到贺胜桥就餐的络绎不绝，现在，在武商量贩店即可买到已经包装好的贺胜鸡汤。

(8)南山猪脚：南山属永安新老城区的结合部，地处交通十字路口，商业繁盛。南山猪脚是咸安城区南山贸易市场旁的“大排档”、“靠背摊”，人们吃夜宵的“美食”，因地点在南山，因而取名“南山猪脚”。

(9)烧豆瓣鱼：鲢鱼 1 条(6g 左右)，青蒜段 15g，熟猪油 25g，豆瓣辣酱 50g，酱油 15g，料酒 20g，白糖 15g，醋 10g，味精 1g，湿淀粉 15g，葱花 20g，蒜片 15g，姜片 10g，花生油 100g(实耗 75g)。制法：①将鲢鱼去鳞、鳃，开膛去内脏洗净，再在鱼身两侧每隔 1.5cm 切上一个斜刀口，深度至骨，然后把鱼下人七至八成热的油内，炸至外皮微硬、呈浅黄时捞出，倒去油；②将原锅内加入熟猪油和豆瓣辣酱，煸炒至油色变红，再加入姜片、蒜片、葱花，随即加入清水750g、酱油、料酒、白糖、米醋、味精及炸好的鱼，用旺火烧开后，转小火烧20分钟左右，待鱼熟透，取出放入盘内。

(10)咸宁土菜系列。

泥鳅炖豆腐渣：必须是土泥鳅，豆腐渣必须是纯黄豆做成的。纯豆腐渣的加工方式：黄豆先隔夜沥水，再用磨砂机磨，要把水汁留住，这样的豆腐渣用来做菜味道是很棒的。

猪仔粥：乡下人拉的油面、干金针、干虾米、黄豆、腊肉、油干子、猪血、猪大肠。油面必须是手工做成的，油面本是做出来就是咸的，其他的配料先放在锅中炒熟再加一些香料，再和面条一起同煮，煮出来要带一点汤水，乡下八十年前的土菜。

打头道：是乡下几十年前结婚时才能吃到的，现在会做能做这道菜的人很少了。主要材料有包坨、猪前脚、香菇。

捶肉：猪排上的里脊肉，这样的肉无筋，准备精制苕粉，先用刀把肉切成薄片，再用木锤把肉捶得像纸一样薄，捶的时候一定要加苕粉，不然肉会成为肉酱。

汽水肉：肥瘦相间的猪肉250g，盐3g，葱花2.5g，姜末1.5g，胡椒0.5g。烹制：①将肉洗净去皮骨和筋络，剁成肉茸入钵内，掺入细盐搅拌上劲，再掺入少量葱花、姜末和胡椒，加入适量的冷汤汁或水，搅拌均匀后装入碗内；②连碗上笼，蒸15分钟即成。营养：此菜约含蛋白质23g、脂肪149g、糖2.2g、热量1.450kc、钙15mg、磷252mg、铁3.5mg、硫胺素1.3mg、核黄素0.3mg、尼克酸10mg，是贫血、结核病、肝炎、神经炎、心脏损伤、浮肿、舌炎、皮炎、营养不良、食欲不振等患者及孕妇、乳母、老年人的佳肴。

(11)宝塔肉：咸宁“宝塔肉”的正宗做法是将半肥半精的上好猪肉煮熟现出红色，切成二寸长八分宽的梯形立方体；将豆腐元子捏成与肉块一样大小的纺锤形，炸成金黄色。依次一个元子一块肉装入碗中，一层一层交错摆满，使之自然形成宝塔状；再放入蒸笼中大火蒸上片刻，不仅肉中的油汁美味与豆腐的清纯淡雅互相渗透溶合，而且形体上也更加紧密，即使码得再高也不坍塌。

(12)合菜面：咸宁合菜面是一道独特的民间风味，是农村办红白喜事时不能少的一道美食。合菜面的做法：先把面条炒熟，放入适当水量烧开，再加入豆腐泡丝、青菜丝、榨菜丝、肉丝等一起煮，直到面熟就可以食用了。

(13)通山包砣：又叫薯粉砣，是用薯粉或薯粉和芋头揉成外皮，用油炸豆干、竹笋、腊肉、大蒜等各种原料做馅，包成团圆状，和饺子一样煮法，也可煎可炸。小包砣就用精肉馅包，形似汤圆。不论大、小包砣，色、乡、味独特。轻咬一口，一股清香便喷薄而出，沁人心脾。凡是到过通山的客人，往往少不了品尝通山粑砣。通山“粑砣”主要分两种：一种是纯薯粉调制；另一种是薯粉加芋头调制。纯薯粉调制的“粑砣”，皮软有弹性；薯粉加芋头调制的“粑砣”，皮硬、脆，弹性相对较差。两种“粑砣”，口感各一，前者主要通行于老通山片之大路、湄港、杨芳、厦铺、山界、横石等地，后者主要通行于老兴国片之大畈、黄沙、洪港等地。

(14)金沙泡菜：崇阳美食金沙泡菜主要有红辣椒、鲜竹笋两种。红辣椒个大、肉厚、籽少、味鲜，老少皆宜，能开味增进食欲。鲜竹笋通过高温消毒、真空包装制作而成，色彩鲜艳，香脆可口。

(15)甑蒸糕：通城甑蒸糕素为通城小吃佳品，老少咸宜。此糕以粘米、糯米、红糖、芝麻为原料，香甜可口、别有风味。

(十二)咸宁地区重大历史事件

(1)赤壁之战:东汉建安十三年(公元 208 年),曹操扫平了北方众多割据势力后,挥师南下,欲一举消灭南方的孙权和刘备,统一全国。在共同利益的驱使下,诸葛亮、周瑜、鲁肃说服孙权,结成孙、刘联军。当时曹军有 20 多万(号称 83 万),孙、刘联合只不过 5 万余人。周瑜、诸葛亮同心协力,火烧曹军于赤壁,曹操大败,退回北方。孙权在江南的地位得到了巩固,刘备乘势占据了荆州大部分地区,由此奠定了魏、蜀、吴三国鼎立的局面。赤壁之战以少胜多,以弱胜强,在中国社会发展史上,特别在中国军事史上写下了光辉灿烂的篇章。

(2)李自成殉难九宫山:李自成在通山李家铺战败后向西逃跑,打算翻过九宫山到江西去。这支小队伍到达了离战场三十五里的小源口寨时,有一叫程九百的乡勇头目挑选了一部分乡勇登山阻击。李自成的随从有的被打死打伤,有的逃跑,只剩下李自成单人匹马向中程、大屋场方向逃走,到了一个叫牛迹岭的小山村。这时,程九百率领的程、金两姓乡勇翻过小月山已赶到了。搏斗中程九百杀死了李自成,并把李自成的宝剑归为己有。李自成死后,“有乡人怜之,草葬之”,且不断有人来祭奠这石垒荒地。新中国成立后,国家逐年拨款,在此修筑闯王陵园,成为一大名胜。

(3)太平军与湘军羊楼司之战:清咸丰四年(公元 1854 年)六月,太平天国英王陈玉成第二次攻克武昌。曾国藩率湘军一万余人向武昌进发,在羊楼司被太平军击溃。曾国藩经营多年的湘军全军覆没,急得他欲跳水自尽,只得回湖南重组湘军。

(4)汀泗桥战役:1926 年 8 月 25 日至 26 日,叶挺率国民革命军第四军将士同吴佩孚的北洋军在汀泗桥展开一场空前的激战。北伐军打败吴佩孚的北洋军,使反动军阀吴佩孚从此一蹶不振,为北伐军进军武昌开辟了道路,在中国革命史上写下了光辉的一页。

附图Ⅰ　通山—温泉—乌龙泉—纸坊实习路线卫星照片

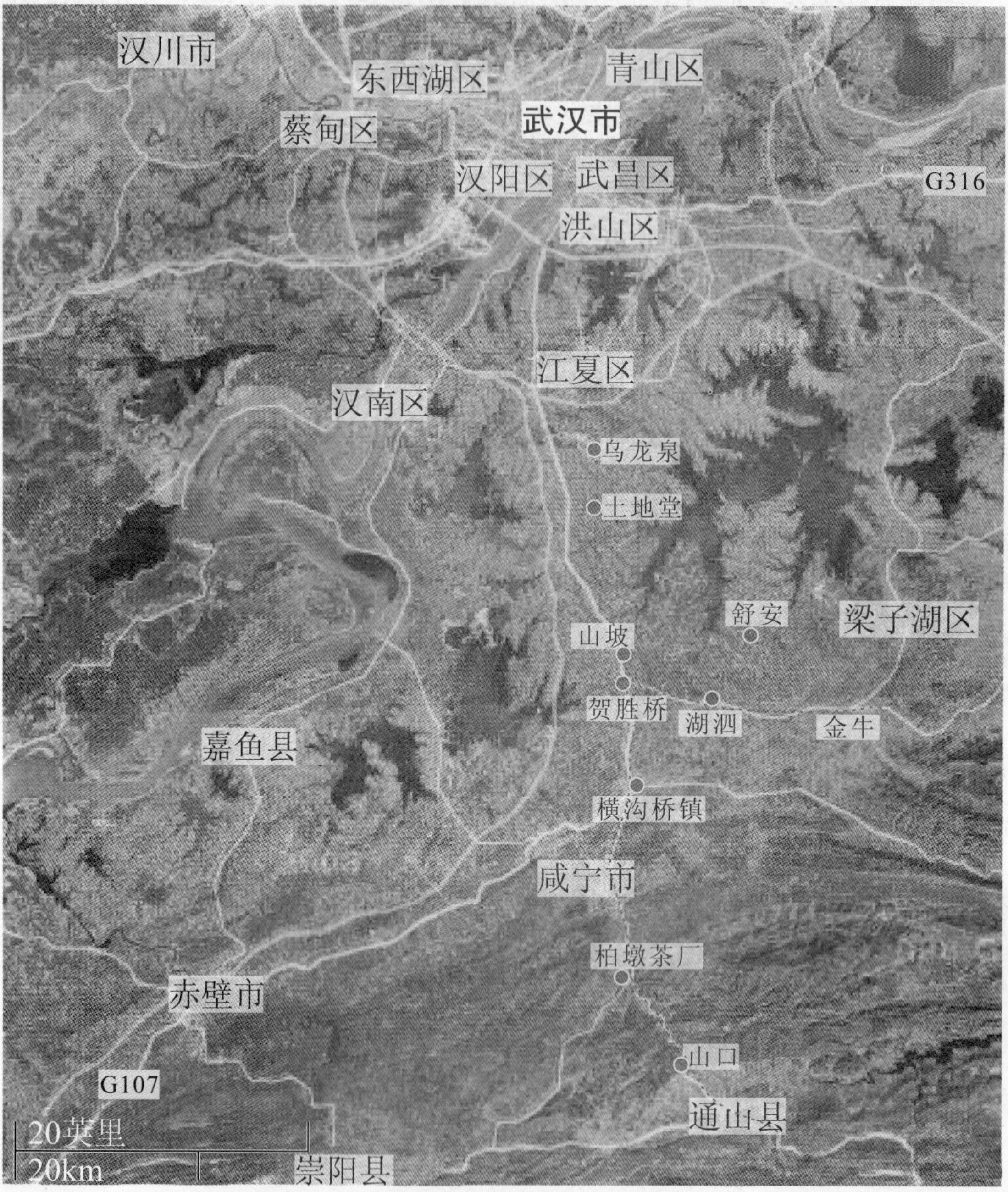

英文部分

Petroleum Geological Survey Route

(Zhifang — Wulongquan — Wenquan — Tongshan)

Introduction

The establishment of petroleum geology teaching practice base relates to:

(1) Teaching program of Hubei province (2008147).

(2) Important construction part of petroleum exploration technology and evaluation teaching laboratory.

(3) The construction content of key laboratory of theory and technology of petroleum exploration and development in Hubei province.

(4) The teaching practice contents of such courses as petroleum and natural gas geology, petroleum exploration technology and evaluation, sedimentology, tectonics, petroleum exploration and structural analysis.

Teaching purpose

(1) In order to enhance the basic knowledge of field training of the students who majored in resource exploration engineering, train their spatial which is thinking and comprehensive analysis ability, widen and extend the knowledge which is taught in the professional courses, strengthen and consolidate the student's comprehension of the basin formation, structural analysis, sedimentary filling evolution, composition factors of reservoir and field working methods and so on.

(2) Restoring the geology process of sedimentary filling, tectonic evolution, hydrocarbon generation and accumulation of Yangtze platform, establishing the archives of the formation lithology, source－reservoir－cap assemblage and related indexes. Offering experimental materials to petroleum geology courses, meanwhile, supplying systemic samples to the construction of petroleum key laboratory.

Practice content

Observing the main structure－sedimentary phenomenon of the marine basin, Late Triassic and Jurassic foreland basin, the faulted depression basin in Craton during the cretaceous period, including the characteristics of the basin, basement structure, important contact relationship, folds, fracture characteristics, sedimentary filling sequences and so on.

Mastering the main types of sedimentary rocks, especially differentiating their effects in the composition of hydrocarbon accumulation.

Understanding the sedimentary evolution characteristics of different basins and observing the sedimentary phenomenon, sedimentary structure characteristics. Understanding the main structure characteristics of different basins, distinguishing the nature and forming mechanism of the fault.

Observing and mastering the elements of cap rocks of different basins and the possible source－reservoir－cap assemblage.

Practical task

(1)Master GPS positioning and the mensuration method of formation occurrence.

(2)Draw profile artificially and describe the characteristics of formation.

(3)Observe the lithology of basement, composition of cap rock and important source - reservoir - cap assemblage of Yangtze platform.

(4)Observe the cap rock lithology and fault terrace of faulted depression basin, the contact relationship between the cap rock and basement and distinguish the nature of the fault.

(5)Estimate the developing places and lithology composition of foreland basin through the basin evolution and orogeny.

(6)Identify the moraine conglomerate, oolitic dolomite (limestone), saccharoidal dolomite, biological clastic limestone, intraclast limestone etc. in the yangtze cap rock.

(7)Distinguish tectonic breccia and sedimentary breccia, discriminate the nature of the fault by means of the scratch on the section and the step.

(8)Observe structural phenomenon and the main sedimentary structure, especially the continental deposition and structural phenomenon.

(9)Estimate the main factors of hydrocarbon accumulation, and analyse the source - reservoir - cap assemblage of the marine basin.

(10)Estimate and predict the possible trap types and their distribution; observe and dissect the paleo - reservoir in Tongshan.

(11)Learn to collect the samples of the main lithology and source - reservoir - cap assemblage rock systemically.

Assignments

Submit a practice summary (100 score)

1. The text part must be included as follows (50 score)

(1)The formation time of Yangtze marine basin, Late Triassic and Jurassic foreland basin and the cretaceous faulted depression basin, the characteristics of developing locations, and their respective position of cap rock.

(2)Sedimentary characteristics (sedimentary structure, special lithology, paleontology feature), structure phenomenon (distinguish the nature of fault and fold).

(3)Source rock, reservoir rock, cap rock position and their assemble relationship.

(4)Trap type and the forming condition of reservoir.

2. Map and table part (40 score)

(1)Complete the crosscutting profile of the southern section (belong to Chongyang - Tongshan anticline) or northern section (belong to Bahong anticlinorium) of the practical route, point out the trap type and describe it (attached figure Ⅲ).

(2)Analyse the forming factors of the reservoir of the Mid - Yangtze marine strata in the columnar section and divide the source - reservoir - cap assemblage.

(3)Gains and suggestions (10 score).

1. Summary

We understand the formation structure characteristics of North China Platform(plate), especially get a deep impression of the archean gneiss basement of North China Platform, as well as the proterozoic Wumishan formation's dolomite(gas bearing) and the sinian stromatolite in the sedimentary cap rock, moreover, the ermine limestone of Majiagou formation, the alum clay rock of Benxi Formation and the coal formation of Shanxi formation *et al*. Through the Zhoukoudian field practice. Thus, we understand the whole process of the forming of North China Platform, the filling evolution of sedimentary cap rock and its extinction. But this practice will be carried out from the petroleum geology point to observe and comprehend the forming of Yangtze platform, the filling evolution and extinction of its sedimentary cap rock, and the subsequent forming and evolution process of foreland basin and faulted depression basin, and its source rock development, reservoir type, cap rock nature and source - reservoir - cap assemblage etc. By means of practicing these konwledge of hydrocarbon accumulation, we can consolidate the petroleum geology theory and widen our konwledge at the same time. It is also a good opportunity for us to train our ability of distinguishing the sedimentary formation and structure pattern, and observing the sedimentary structure charatercistics, scratching on fault plane and the step, and the ability of sketch drawing.

The attached map Ⅰ and Ⅲ show the practice route, from Zhifang to Tongshan, basiclly along NO. 107 national highway. The exposure formations are quite complete, which contain sinian, Cambrian, Ordovician, Silurian, Devonian, Carbonic, Permian, lower - middle Triassic, extend from the NO. 107 national highway to its both sides. Such as Husi, Jinniu, and Shu'an etc. the middle smooth zones that hedging from south and north, exposures the Jurassic of the foreland basin and the Cretaceous — Tertiary dispersive fault basin resulted from Yanshan movement. Fig. 1 gives the information of the formation of the route.

Fig. 1 shows the practice route zone belong to the mid Yangtze plate. Fig. 2 shows the practice route (red broken line in the figure) step across the Bahong break anticlinorium zone, Chenhu - Tuditang synclinorium and Chongyang - Tongshan break anticline.

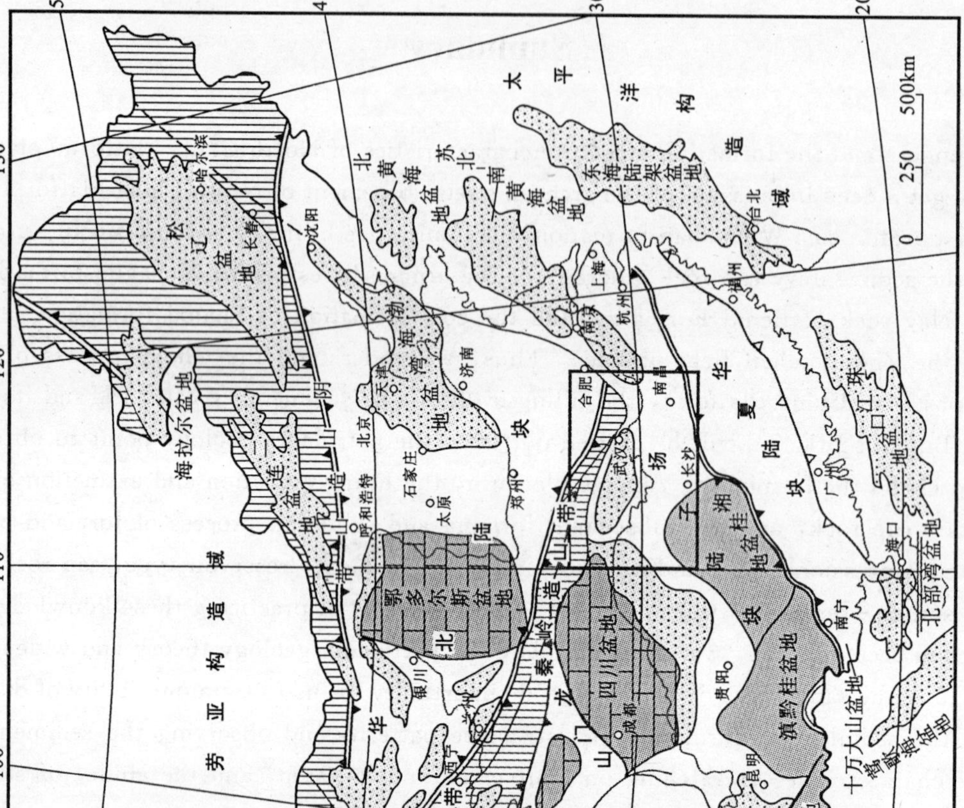

Fig. 1 Fieldwork block for location map (in square frame)

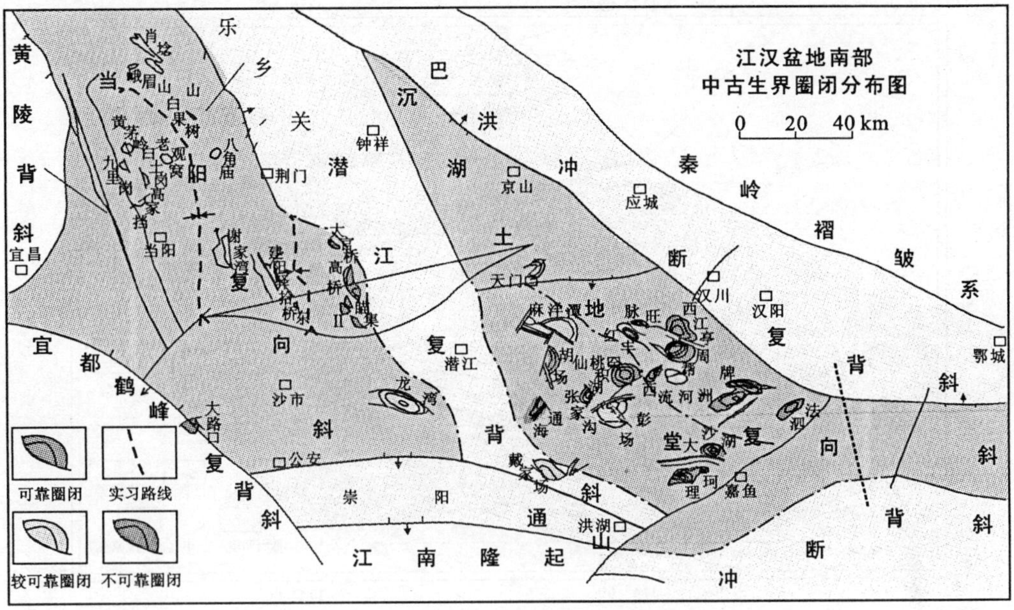

Fig. 2 Tectonic map of southern Jianghan Basin

2. Introduction to regional tectonic

Influenced by the south and north thrusting nappe and fold orogenic, the north of Wulongquan and the south of Hengshengqiao in the practice zone have been developing a structure pattern of south and north flushes since Indosinian — Yanshan period (Fig. 3). The deformation area to the south of Heshengqiao was mainly affected by the Jiangnan uplift thrusting nappe, and the direction of the tectonic line spreads from east to west, showed a vertex towards the NNW protuberant arcuate structure (see in the attacted map Ⅰ and Ⅲ, a key observe section of this practice). While from north to south, it presented as Dabashan - Dahongshan southward thrusting nappe structure in the plane. because of the orogeny tectonism of Qinling and Dabieshan, The formation exposured from Zhifang to Wulongquan then shown as to SSW direction protuberant structure (see in the attacted map Ⅰ and Ⅲ).

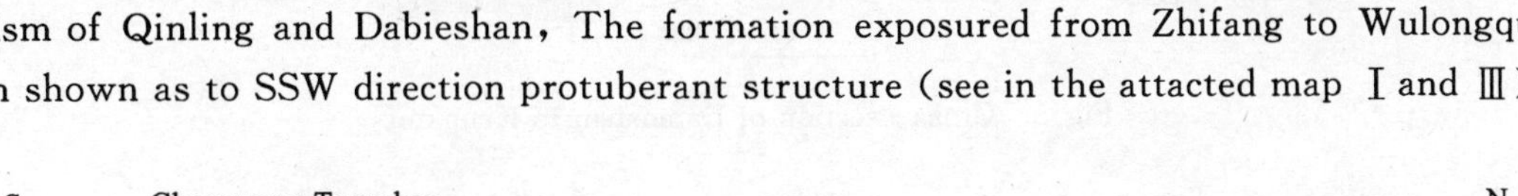

Fig. 3 The regional tectonic in the fieldwork block

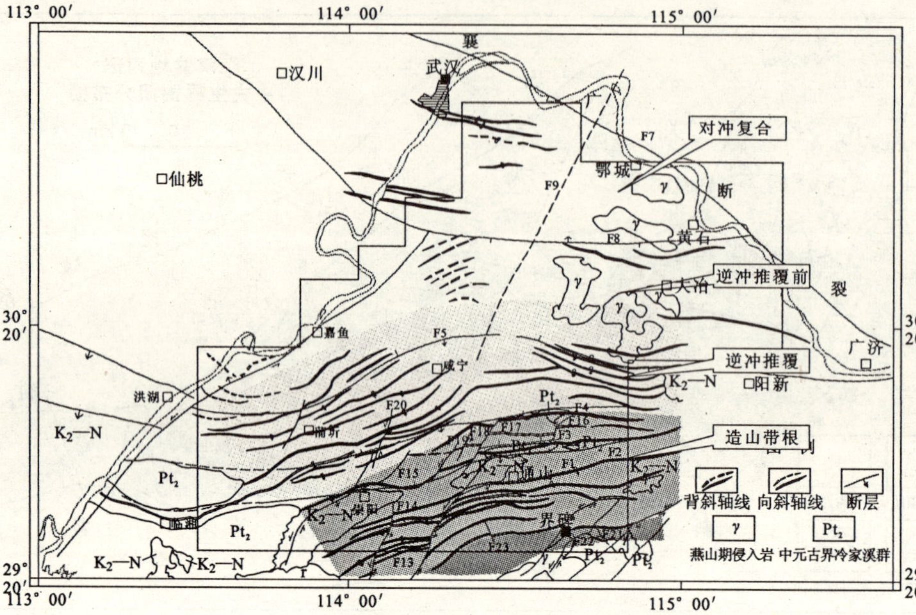

Fig. 4　Structure map in the fieldwork block

In the plane, from south to north, due to the influence of the Jiangnan uplift thrusting nappe, the practice zone can be divided into root zone of orogenic belt, middle thrusting nappe zone, thrusting front zone and the leading edge of flushes complex structure zone according to the tectonic deformation (Fig. 4). In the section, due to the influence of thrusting structure from south to north, a northward inversion of the formation took place (Fig. 5). The profile position was shown in the attacted map Ⅲ). While in the northern part of the route, a southward inversion of the formation occurred due to the influence of Bahong thrusting nappe structure (Fig. 6). The profile position was shown in the attacted map Ⅲ).

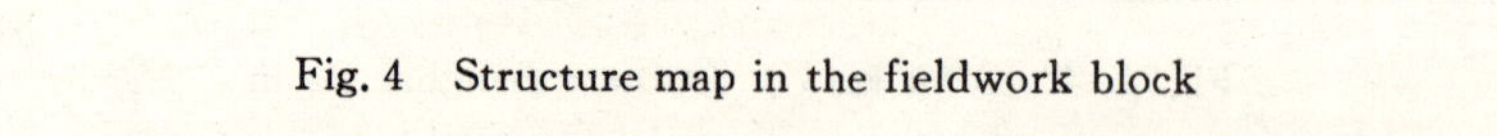

Fig. 5　Cross-section of Damoshan to Kengkou

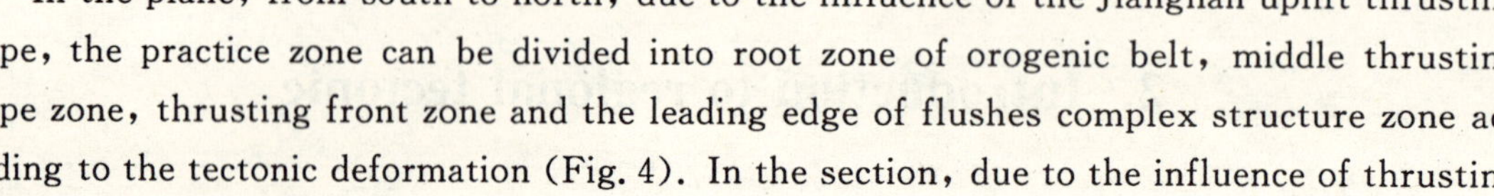

Fig. 6　Cross-section of Huashan to Wulongquan

The south-north flushes structure of the practice zone was resulted in long time affection by Indosinian — Yanshan movement, and the movements also caused the particular abundant basin types, formation and filling patterns and source - reservoir - cap assemblage forms. In the ramp zone, namely Chenhu - Tuditang - Daye synclinorium zone developed a nearly east - west direction which was seemed as foreland T_3— J sedimentary. In the southern part of the research zone formed a series of K — N faulted depression basin due to the Yanshan movement. This practice route around the formation mechanism, developing places, sedimentary filling, reservoir forming assemblage of the three basin types to observe the outcrop and comprehensive analysis of indoor, which including distinguish structure and sedimentary phenomenon, observe and describe lithology, analyse and judge reservoir forming factors and so on, so as to improve the students' practice ability and ability of comprehensive analysis. The formations exposured in the practice zone are quite complete, such as the formation of proterozoic, paleozoic, mesozoic and cenozoic, and the outcrop also contains the three types of rocks. Table 1 is the simple table of the formation of the practice zone.

Table 1 The simple table of the formation of the practice zone

erathem	system	stage	Local strata name	code	Thickness(m)
	Quaternary	new		Qh	>40
		updating		Qp^3	30~40
				Qp^2	15~40
				Qp^1	20
	Upper cretaceous to tertiary			K_2 — N	>1 341
Mesozoic	lower Cretaceous	lower	Upper volcanics	K_1	2 113
	Jurassic	upper	Lingxiang	$J_3 l$	635
		middle	Lower volcanics	$J_2 b$	139
				$J_2 a$	>494
		lower	Wuchang	$J_1 WC$	424
	Triassic	upper	Puqi	$T_3 PQ$	>1 269
		middle	Jialingjiang	$T_2 j$	>281~893
		lower	Daye	$T_1 d$	247~316
Paleozoic	Permian	upper	Dalong	$P_2 dl$	6~30
			Longtan	$P_2 l$	37~73
		lower	Maokou	$P_1 m$	77~104
			Qixia	$P_1 q$	105~238
	Carbonic	upper	Chuanshan	$C_3 CH$	0~35
		middle	Huanglong	$C_2 HL$	30~108
		lower	Datang	$C_1 d$	0~44
	Devonian	upper		D_3	0~118
	Silurian	upper	Maoshan	$S_3 m$ S_{2-3}	>147
		middle	Fentou	$S_2 f$	90~700
		lower	Gaojiabian	$S_1 g$	833~1 461
	Ordovician	Middle - upper		O_{2+3}	25~100
		lower		O_1	440~500
	Cambrian	upper	Liqiuwan	$\epsilon_2 l$	709
			Gaotai	$\epsilon_2 g$	29
		lower	Dongkeng	$\epsilon_1 d$	297
Proterozoic	Sinian	upper	Dengying	$Z_2 dn$	300
		lower	Nantuo	$Z_1 n$	52
	Ansinian			AnZ	>8 600

3. Stratigraphy and Sedimentation

The formation exposured in the practice zone are quite complete, from Proterozoic to Cenozoic.

From Proterozoic to quaternary, the evolution trend of the paleogeography in time and space is that bathyal to shelf shallow sea to mainland.

The differences in paleogeography characteristic and lithofacies assemblage in different geological period were caused by the three different basin sedimentary environments.

(1) Yangtze marine basin sedimentary: Sinian to middle Triassic.

(2) Foreland basin: late Triassic to Jurassic.

(3) Faulted basin: early and late cretaceous to tertiary.

Besides, the anterior sinian formation and quaternary formation as well as volcanic rocks were also exposured.

Anterior Sinian (AnZ) Presinian

The Anterior Sinian strata that exposured in the practice zone is Lengjiaxi group which belonged to the basement of Yangtze Platform, Lengjiaxi group belonged to lower strata of Banxi group formerly, and later, the Banxi group was disintegrated, so it was called Lengjiaxi group. And it was covered by the unconformity of Liantuo formation of Sinian; therefore, the upper limit age should be older than 800Ma. Lengjiaxi group is a set of neritic facies sand, mud, lutaceous sedimentary, which is composed of conglomerate, pebbled sandstone, graywacke, siltstone, silty clay rock, clay rock, slate (Fig. 7) and phyllite. Because of several tectonic deformation and magmatism, this group has a complex fold, well - developed fracture and greatly - changed formation occurrence, part of which has a inversion. What's more, the rock was slightly metamorphosed generally and seriously metamorphosed locally, the contact relationship with the overlying Sinian strata showed as an angular unconformity.

Fig. 7 Slate(Pt)

Table 2 is the comparation of Banxi group strata of the practice zone and its adjacent area.

Sedimentary covers of Yangtze marine basin ($Z-T_2$)

The basement of the basin is AnZ strata, and it was overlied by late Sinian strata to middle Triassic strata. We will introduce the characteristic of the sedimentary cap rock.

Sinian (Z)

Underlying strata: anterior Sinian grey and celadon slate, contact with angular unconformity.

Overlying strata: Dongkeng formation($\in_1 d$), contain pyrite and phosphate concretion grey clay rock, contact with parallel unconformity.

Table 2 The comparation of Banxi group strata

strati-graphic units \ place		Hunan(1962)	Northen Jiangxi(1963)	Study area(1966)	Anhui (1962)	
Proterozoic	Sinian	Nantuo sandstone	Nantuo formation	Nantuo formation	Xiuning formation	
	Banxi group	upper group: Jiangkou	Luokoulian	Banxi group, upper group	Likou formation	Yangzhanlin formation
						Puling formation
		upper group	Banxi group, upper group: Xin formation; upper	Banxi group, upper group: Meikeng formation: upper	Xizhong formation	Wuyuan formation
				Meikeng formation: middle		
				Meikeng formation: lower		Zhengjiawu formation
			Banxi group, upper group: Anlelin formation; upper	Yishan formation: upper		
				Yishan formation: middle		Muguakeng formation
				Yishan formation: lower		
			lower	Lower group	Zhanggongshan formation	Banqiao formation
		Lower group	Lower group			Zhuangqian formation

Sinian distributes in the southern part of the practice zone, composed of the upper Sinian Dengying formation (Z_2dn), and the lower Sinian Nantuo formation(Z_1n). The Nantuo formation is composed of glacial sandy mudstone(or glacial gompholite and glacial silty phyllite), interlayed glacial gravel - bearing seriate sand stone and fine laminae slate(Fig. 9). All the rocks are suffered regional metamorphism, no bedding, the gravels are common with scratches, notch grooves and pits, greatly different in size, and have no sorting feature. Producing micro - fossil plants, it belongs to mainland - glacial sedimentary.

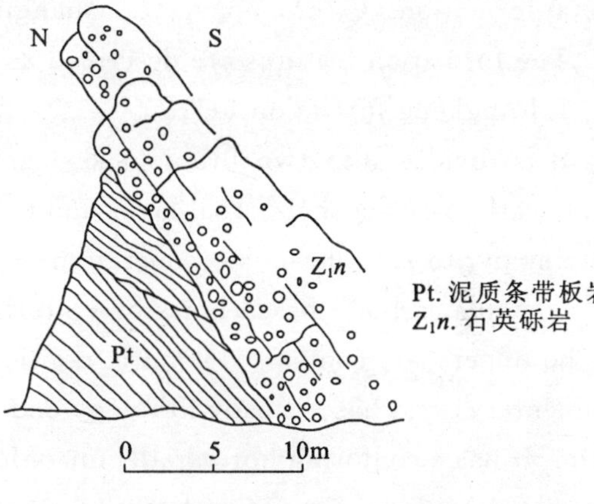

Fig. 8 Sinian and Banxi group unconformity sketch

Fig. 9 Moraine conglomerate(L) optical view of moraine conglomerate 5×(R)

The Dengying formation's lithology can be divided into two segments clearly, the lower carbonatite section is composed of charcoal grey thin - middle - thick bedded dolomite, calcite dolomite, limestone, argillaceous dolomite interlayed with a little bit of carbon shale. Sometimes saw ooide, algal stain and gypsum crystal cast, the upper silicalite section is composed of grey silicalite and carbon shale, interlayed with thin dolomite and carbon - siliceous shale. The whole group has a steady lithology in the zone, and distinct variation in thickness which appears thin in the south and thick in the north from 121 m to 246m.

Cambrian (∈)

Underlying strata: Sinian Dengying formation's strata(Z_2dn), contact with unconformity.

Overlying strata: Nanjinguan formation's strata(O_1n), coarse grain calcite dolomite, contact with conformity.

Exposured in the southern part of the practice zone, it formed the core and limb of the Damoshan anticlinorium. The main formations are composed of dolomite, brecciated dolomite, limestone, carbon shale and silty shale. It is a set of marine carbonate sedimentary. The total thickness is about 1270m to 1620m. According to the lithology and paleotological features, it could be divided into three parts. Lower: Dongkeng formation ($\in_1 d$), middle: Gaotai formation ($\in_2 g$), upper: Loushanguan formation ($\in_{2-3} ls$).

The formation features are described as follows:

1. Dongkeng formation ($\in_1 d$)

It is divided into two lithological segments: the lower section is composed of black shale, carbonaceous shale, coal layer and carbon - based argillaceous shale (Fig. 10), which contains pyrite and phosphate concretion and quartz sandstone locally. The middle - upper part contains carbon - based limestone interlayed carbon shale whose occurrence is 315°∠80°. The upper part contains dolomitic oolitic limestone. It belongs to a set of neritic facies sedimentary, and has a steady lithology and thickness. The total thickness is about 264m to 332m. It has a conformity or parallel unconformity contact with the underlying Sinian strata.

2. Gaotai formation ($\in_2 g$)

It is composed of grey to light grey medium thickness to huge thickness dolomite and bean like dolomite formation. Unstable dolomitic quartz sandstone and shale were interlayed in the upper part, Argillaceous limestone and siliceous concretion dolomite were interlayed in the bottom. The total thickness of it is 50m to 100m. and the contact relationship with the underlying formation is conformity.

Fig. 10 Carbonaceous shale and coal

3. Loushanguan formation ($\in_{2-3} ls$)

The upper part of it is composed of grey to light grey thickness to huge thickness particle limestone which interlayed with medium thickness fine grained dolomite and dolomitic limestone. The lower part is composed of grey to light grey thickness to huge thickness fine grained dolomite which showed as sugar - granular after weathering, and whose surface has a obvious slash mark. Its total thickness is about 342m to 676m, and has a conformity relationship with the underlying formation.

Ordovician(O)

Underlying strata is Cambrian Loushanguan formation ($\in_{2-3}ls$), conformity contact.

Overlying strata is Silurian Gaojiabian formation (S_1g), conformity contact.

The strata of Ordovician for fieldwork block mainly distributes in the limb of anticlinorium for Damoshan, is hosted by shallow marine facies carbonate. The southern region of Chongyang - Tongshan is intermediate landform, which is bounded by Yangle and Huanan region. The feature of Ordovician sedimentation is grapholith, limestone partings in silty shale and muddy limestone, containing interim nature of the two regions, having abundant fossils, such as *Graptolite*, *Trilobite*, and *Antispdix* and so on, and fauna pertain to the type of southeast. According to lithology, the feature of palaeophyte and regional correlation, divide the formation into Lower unite; Such as Nanjinguan formation(O_1n), Fenxiang formation(O_1f), Honghuanyuan formation(O_1h), Dawan formation(O_1d); Middle unite: Guniutan formation(O_1g), Baota formation(O_2b); Upper unit: Linxiang formation(O_3l), and Wufeng formation(O_3w), the gross thickness is 421～489m. Conformity contact with underlying strata Loushanguan formation.

Formation characteristics are described as follows.

1. Lower unite

(1) Nanjinguan formation(O_1n): dolomitic limestone partings in grey medium bedded atomy limestone on upper part; granule dolomite partings in dolomite rock having chert nodule and chert banding on middle part; tiny - coarse dolomitic limestone containing muddy belt. Although the lithology of fieldwork block is steady, the quantity of the chert nodule and chert banding is different; the thickness becomes thinner from west to east.

(2) Fenxiang formation (O_1f): tiny - coarse crystalline limestone and chert banding limestone and shale interbeded, the lithology change a lot.

(3) Honghuayuan formation (O_1h): tiny - coarse macrocrystalline limestone, the coping is dark grey argillaceous diffract limestone. The lithology of fieldwork block is steady, the thickness change a lot, and becomes thinner from west to east.

(4) Dawan formation (O_1d): the fieldwork block is hosted by yellow shale partings in crimson bosslike biolithite, and the thickness is steady.

2. Middle unit

(1) Guniutang formation (O_2g): purple - grey diffract limestone, containing nablock sometimes. The gross thickness is 14～24m. Conformity contact with underlying Dawan formation. The lithology of fieldwork block is steady, the thickness becomes thinner from south to north.

(2) Baota formation (O_2b): the lower part is diffract limestone, having nablock; the upper part is bosslike biopelite limestone. Teem with fossils about antispdix and trilobite. The

lithology of fieldwork block is steady, the thickness becomes thinner from north to south.

3. Upper unit

(1) Linxiang formation (O_3l): the lower part argillaceous bosslike limestone mingling grapholith; the upper part is grapholith mingling argillaceous bosslike limestone, which presents yellowish brown mingling yellowish and soft by weathering. The gross thickness is 2.7～58m.

Fig. 11 Carbonaceous shale

(2) Wufeng formation (O_3w): the lower part is black clay shale, containing carbon shale (Fig. 11); the upper part is black argillaceous siliceous rock, siliceous bony coal, The gross thickness is 2.7～2.8m. The lithology of fieldwork block is steady, the thickness becomes thin from west to east.

Silurian(S)

Its underlying strata: Ordovician Wufeng formation (O_3w), conformity contact.

Its overlying strata: Upper Devonian (D_3), parallel unconformity contact.

The Silurian is very integral in the fieldwork block, which is hosted by shallow sea facies fragmental deposition, the bottom is black bony coal; the lower part is siltstone and sandstone; and the middle part is mainly silty shale; and the upper part is siltstone and quartz fine sandstone. Zhifang, Xiye Mountain and Luer Mountain of southeast in Wuhan outcrop Middle－Upper Silurian (S_{2-3}). Conformity contact with underlying strata Wufeng Formation, which divided into Lower unit: Gaojiabian formation(S_1g); Middle unit: Fentou Formation(S_2f); Upper unit: Maoshan formation (S_3m).

Strata Descript are as follows:

1. Gaojiabian formation (S_1g)

The lithology of the Lower Silurian for fieldwork block is hosted by fragmental rock deposition. The upper segment is mainly silty shale (Fig. 12) and siltstone, which is pea green, greyish－green, grayish－yellow, mingling quartz fine sandstone and fine sandstone, mingling grey siltstone occasionally, the stratigraphic occurrence: 195°∠30°, ripple structure, the thickness is 812～1315m. The lower segment is black, greyblack bony coal and siliceous shale, mingling argillaceous siltstoue sometimes. The thickness is between 21m and 156m, and the lithology is steady. The bony coal and siliceous shale in the lower segment mainly develop in part of Puqi, Tongshan, Xianning, Daye; scramble distribution in Yangxin, Huangmei of the east, however there is no outcrop in north of Wuhan. The upper segment is usually silty shale, shale and siltstone; but in the region of Chongyang and Tongshan, the grittiness component increase, mingling quartz fine sandstone and fine sandstone; Zhangshan

Fig. 12 Grey green silty shale

for Daye and Ganyushan for Yangxin also mingle a little quartz fine sandstone and fine sandstone; the region of Xiaojiawan for Daye mingle calcareous siltstone.

The feature of formation contains graptolite fauna, and mainly present *five* graptolite belts: *Pristlograptus leci*, P. *cyphus*, *Orthograptus vesiculosus*, *Parakidograptus acuminatus* and *Glyptograptus persculptus* belt. For the lithology, Gaojiabian formation is similar with Wan nan and Sunan. Hence, the date stratigraphic position of Gaojiabian formation is nearly containing the whole deposition of the Early Silurian. Parallel unconformity contact with the underlying Ordovician Wufeng formation, the feature is the sedimentary gap of Hirnantia fauna for Wufeng formation.

2. Fentou formation (S_2f)

The upper segment is argillaceous siltstoue, siltstone and silty shale mingling quartz fine sandstone and fine sandstone, generally containing shingly phosphate rock or phosphate nodule fine sandstone, sometimes having vermiform structure.

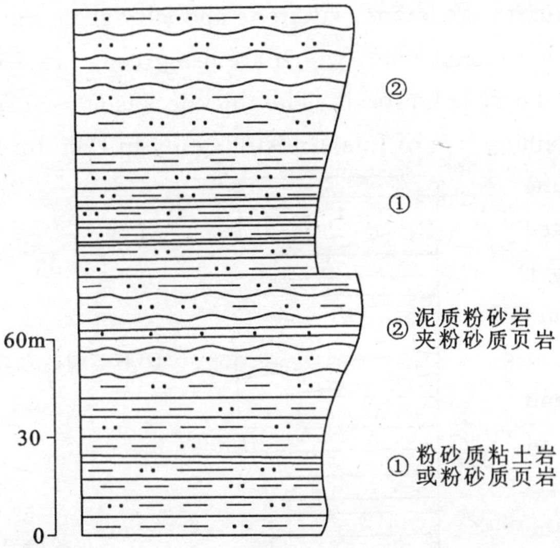

Fig. 13 The lower segment of Fentou formation basic sequence diagram

The thickness of the formation is 8～173m. The lower segment is argillaceous siltstone and silty shale, which is pea green, greyish - green, sometimes crimson, mingling lots of quartz fine sandstone, arkose quartzite sandstone and fine sandstone; in some region, the arkose quartzite sandstone and quartz sandstone are the main composition rock, mingling siltstone and shale (Fig. 13). It generally have matrix rock or phosphate rock noddle, having cross bedding sometimes, but little fossil, containing trilobite: *Coronocephalus* sp.; bivalve: *Pterinopecten xianningensis*, *Palaeoneilo triangularis* and so on; fishes: *Sinacanthus wuchangensis*, *deltidium* and so on. There are amounts of conchoidal organism, such as *Coronocephalus*, *deltidium*, for signmark, the thickness of the fossil bed is nearly 121m; it is thinner in the north, which is only 6～15m. For the differences in late ablation level, in the Taipingnao, Zoumashan for Daye and Ganyushan for Yangxin, the fossil bed is parallel unconformity contact with the underlying Wufeng formation; in other regions, there is a variational thickness and no fossil stratigraphic position on the top of the fossil bed. The content of cherty and grittiness is becoming more from west to east on the lower segment. In the region of Liujuqiao for Tongshan, Xiaojiawan and Zoumashan for Daye, Ganyushan for Yangxin, Dalishan for qichun, and the northern Wuhan, the main basement rock is arkose quartzite sandstone, quartz sandstone and fine sandstone. The crimson rock stratum turn pea green along strike direction in the concrete stratigraphic position, but for most regions, the carmine rock stratum is steady. The thickness of the formation become thinner from west to east, the thickness of Dalishan for the East is 505m, and that of Daye and Yangxin is 95～433m; that of Tongshan for the middle is 393～501m; that of Chongyang, Puqi for the west is 276～653m; the thickness in Wuhan and Xianning for the north is the thinnest, which is 73～146m. The lithology of Fentou formation is differernt from the underlying Gaojiabian formation, however it is continuously intermediate deposition between both. The bedding of Fentou formation is usually carmine mud shale or siltstone, quartz sandstone. But if the crimson rock stratum does not develop, it is difficult for us to differentiate the boundary line, such as Qilichong, Mengjialong, Liujuqiao, Huawen, we define the bottom of the Fentou formation by bulk emergence of arkose quartzite sandstone, fine sandstone and siltstone, which is wider than that of Gaojiabian formation.

3. Maoshan formation (S_3m)

The lithology of Maoshan formation is quartz sandstone, siltstone and silty shale mingling siltstone and shale containing phosphor in regional zone, which are pea green, greyish-green, grayish-yellow, sometimes crimson. There is no fossil. The thickness is 60～370m. The main lithology is quartz sandstone, containing lots of fine sandstone only in Dahulin for Puqi, Qilichong for Chongyang. The carmine rock stratum usually emerges in intercalated bed, however Mengjialong for Tongshan have superior crimson quartz sandstone. We could observe the tubercle containing phosphor or lens only at the regional part of Qilichong and Hengshi for Tongshan. For the difference of the later stage denudation intensity, some parts of Huangmei, Yangxin, Daye for the East, the whole of Maoshan formation is nearly denuded, only having cropping in some parts of Puqi, Chongyang, Tongshan, Xianning for the West. The thickness changes a lot, which of Puqi is 27～60m, which of Qilichong is 223m, to the east the thickness for Hengshi and Mengjialong is 107～370m, the thickness of Qiujia for Xianning is only 78m (Fig. 14).

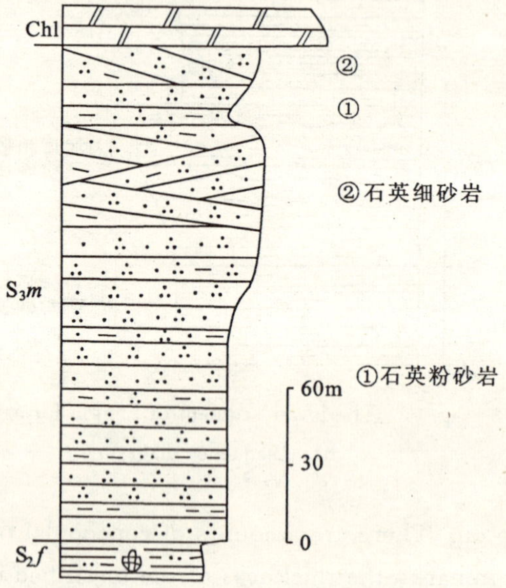

Fig. 14 Maoshan formation of basic sequence diagram

From Late Ordovician to Silurian, by the forming of Nanhua district-Caledonian orogenic crumpling belt, the subside of which is steady in the region of study area, semi-cut off with the exterior sea, turn to continental sanidal sea, which is main detrital material of terrigenous deposition.

The strata for Silurian in the region of study area totally display regression progradational sequence, which becomes shallow upward. In the period of Early Silurian deposit microclasticrock and argillaceous deposition, develop horizontal lamination, which reflect the feature of regression progradational sequence. The depositional environment is low energy and the facies are continental shelf sea. In the period of the Middle Silurian mainly deposit microclastic rock, develop the ripple lamination, indicate the feature of progradational sequence become shallow upwards by unresting, which attribute shallow water continental shelf sea environment; In the period of the Late Silurian, which is hosted by quartzsiltite and fine sandstone, develop cross bedding, and display the typical progradational sequence feature, which become shallow upwards. It is the deposition from shoreface continental shelf sea to the foreshore environment, but finally it is from regression to land, suffering ablation.

The Caledonian movement makes the earth crust move upward and regression, which finish the deposit for the Late Silurian strata, and suffer a long time of ablation. However, for the difference of thickness for deposition and ablation between the south and the north, the present thickness of the late stage strata (Maoshan formation) is different, and the strata for Zhifang, Wuhan denude close to the committee.

Devonian (D)

Underlying strata: the yellow fine quartz sandstone for the Silurian Maoshan formation, parallel unconformity contact (Fig. 15).

Fig. 15 D/S parallel unconformity contact

(left is D thick quartz sandstone, right is S topsurface)

Overlying strata: the shallow - grey dolomite for the Carboniferous Huanglong group (C_2HL), parallel unconformity contact (Fig. 16).

In the region, the Lower and Middle Devonian is absent, the Upper Devonian is directly parallel unconformity contact with the Middle - Upper Silurian, which exposures Zhifang for Wuhan and Xishan, Xiye Mountain in the east part. The northwestern of the region of study area develop better, the main rock is quartzitic sandstone, and the sub - rocks are aleuritic texture micropsammite, argillite containing aleurite and microconglomerate.

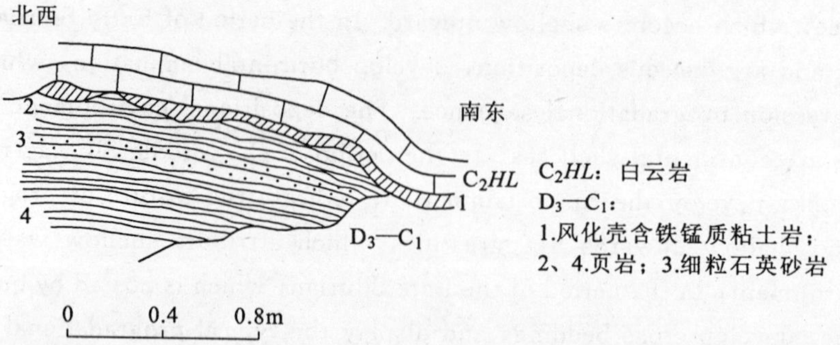

Fig. 16 Tongshan middle Carboniferous and lower Carboniferous — Devonian with parallel unconformity

In the region of Xishan, Ezhou for the east, the conglomerate of the lower part is thicker than that of Wuhan, yet the argillaceous rock of the upper part become thinner, which is nearly 100m. East to Huangshi, the content of conglomerate become more, yet the content of argillite become less; in the region of Lushan for the southeast, the whole Upper Devonian is absent.

Description for the strata: the Upper Devonian (D_3)

The upper segment is main aleuritic texture micropsammite, silty shale and argillaceous rock, containing quartz sandstone sometimes. The high content of flora for Hanyang: *Leptophlocum rhombicum*, *Cyclostigma kiltorkense*, *Sublepidodendron wusihense*, *Sphenopieris recuroa*, *Astrocalamites* sp. and little dissoconch. The lower segment is silicarenite or ferruginous quartzit, which are ashen, pale red, medium to thick or blocklike, containing fine sandstone, siltstone, shale or glutenite sometimes; we easily observe 0.3～8m anagenite or pebble anagenite in the basebottom, developping wedge-shaped bedding. For the late stage ablation, the thickness and the lithology change a lot. Some places of Wuhan, Daye, Tongshan for the region of study area develop integrally. The feature of the upper segment is little grain grade rock; the lithology is loose and easy to erosion, and sundry for the color. The feature of the lower segment is unitary lithology, adamant rock and the high content of quartz. The thickness for Wuhan is 40～110m, that of Xianning is 3～15m, which of Tongshan is 1.5～7.7m.

The former research judge the reason for the strata genesis is the hollow deposition of piedmont deposition, marine deposition and paralic deposition. The lower part is quartz sandstone, having big wedge-shaped bedding (Fig. 17).

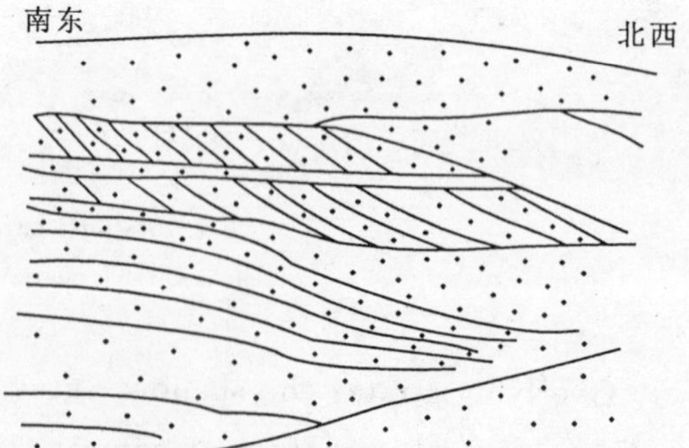

Fig. 17 Meiniang Mountain(D_3) wedge in quartz sandstone

We could observe the flowing bed ripple on the bed plane sometimes, which contain flora stalk fossil and deltidium fragment fossil sometimes; and usually contain fluctuate hematite and different size lensing aleurolite and argillaceous rock. The aleurolite in the upper part have *Lingula* sp. and single-kind *Pelecypoda* fossil, plant lamella fossil. All of that, in the pre-Late Devonian age, the region of study area mainly develop shore delta arenaceous sediment, and form high grade silicic layer containing $SiO_2 > 96\%$; the later stage is lagoon bay for argillaceous deposition, and form some flameresistant clay.

Carbonic(C)

Underlying strata: the quartz sandstone for Upper Devonian, parallel unconformity contact.

Overlying strata: bony coal for Qixia formation, parallel unconformity contact (Fig. 18).

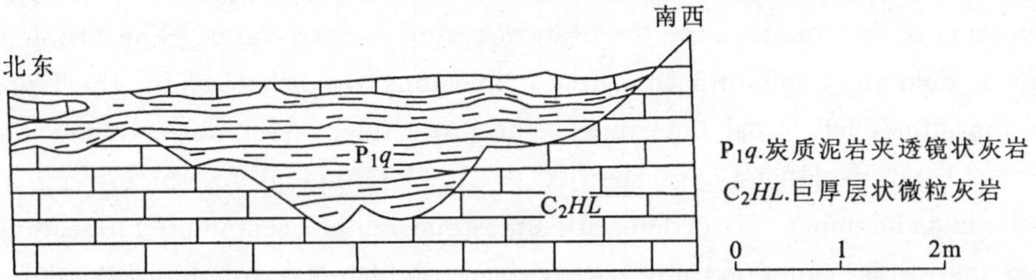

Fig. 18 Huangjintang Qixia formation of lower permian and Huanglong group of middle Carboniferous with parallel unconformity

Some part of the Carboniferous strata is absent, it is divided into Datang formation for the Upper unit(C_1d), Huanglong group for the Middle unit(C_2HL), Chuanshan group for the Upper unit is absent.

Description for Formation Characteristics.

1. The Lower Carboniferous

Only Datang formation exposure in Huashan, Gujiashan and Meiniang Moutain for Wuhan in northwestern of the region, with parallel unconformity contact with the overlying Upper Devonian (Fig. 19).

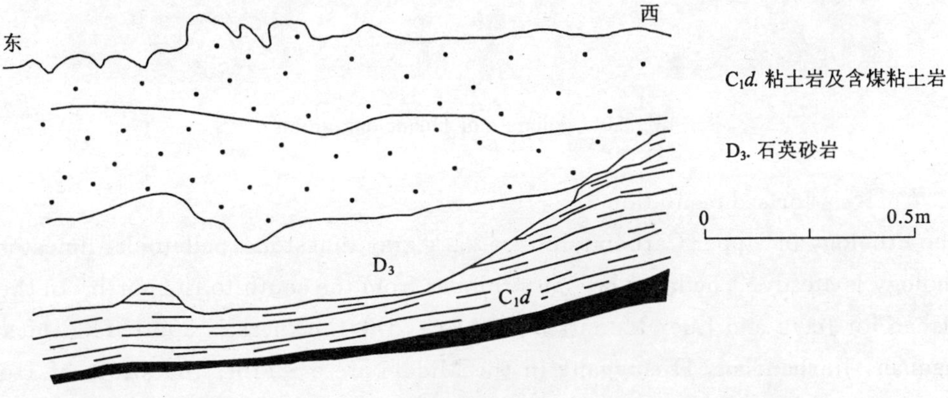

Fig. 19 Huashan for Wuhan lower Carboniferous and upper Devonian with parallel unconformity

The lower part is limnetic facies of the sand shale, containing coal and ferrum, the upper part is shallow sea facies containing ferrum, manganese, and bioclastic limestone. According to palaeontologic and sedimentary facies cycle divide into upper and lower segment. Moreover, from Wulongquan to Xiye Mountain of the middle area, the overridden thickness for the Middle Carboniferous and Devonian is less than 20m, and at Luer Mountain in the southeast, the Middle Carboniferous parallel unconformity contact with the Middle - Upper Silurian, which illuminate the Lower Carboniferous deposit the maximum thickness in the region of the western Wuhan, and it is become thinner or absent all along the southeast. Its occurrence feature is depending on each other with the Upper Devonian.

2. The Middle and Upper Carboniferous

It distributes in Wulongquan, Huangjintang for the middle region of study area, and Luer Mountain, Xiye Mountain for the eastern region of study area. The lithology for the middle unit is dolomite, dolomitic limestone, limestone; the lithology for the Upper unit is dark gray limestone, pelletoidal limestone. The gross thickness is 30～120m. The Middle Carboniferous exposure Huanglong group (C_2HL), the lithology for the lower part is dolomite; the middle and upper part is dolomitic limestone and bioaccumulated limestone. The lithology for the whole region of study area is steady, which is purple blocklike dolomite with supermature pore, lots of caves, amounts of crystal calcite, containing corroded rubble and furrow line (Fig. 20). The thickness for the southwest and southern parts are major, which is 100～110m; go north to Huangjintang is 30m. The contact relationship with the Lower Carboniferous is not clear in northern Wuhan; in the region of Luer Mountain for the southeast, it is parallel unconformity contact with the Middle - Upper Silurian.

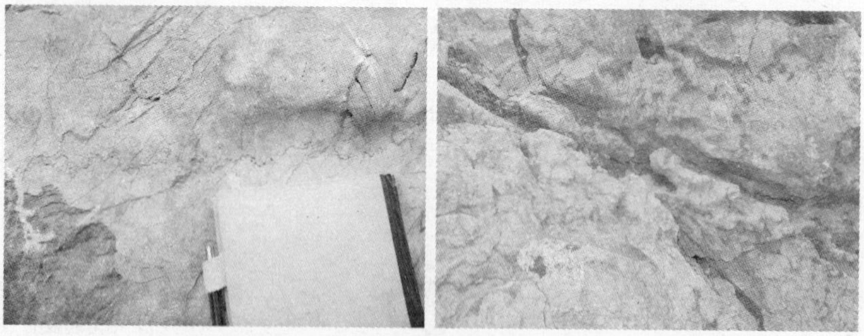

Fig. 20 Dolomite of Huanglong group

3. Analysis for sedimentation

The lithology of Upper Carboniferous is dark gray limestone, pelletoidal limestone, and the lithology is steady. The layer becomes thinner from the south to the north. In the region of Jinjishan for Jiayu and Luer Mountain for Daye, the thickness is 30m; The thickness of Wulongquan, Jinshandian, Huanggang in the Middle are 6～11m; the strata of Huangjintang for the northwest is absent, and conformity contact with the Middle Carboniferous.

After the Liujiang movement and the Huainan movement, in the new marine invasion, the region of study area go into neritic environment, the feature is carbonate sedimentation. Dolomite in the lower part of Huanglong group for the Late Carboniferous is restricted marine platform; the bioclastic wackestone in the upper part is wide plateau facies. Afterwards, the Yunnan movement causes the region of study area moving upward, being land, suffering ablation.

Permian(P)

Underlying strata: Carboniferous Huanglong group contacts with underlying strata in angular unconformity.

Overlying strata: Triassic system group contacts with overlying strata in paralell unconformity. Contact with overlying strata in paralell unconformity (Fig. 21).

The strata distributs in Wulongquan, Tuqiao and Huangjintang in central part of survey area; in Fenghuang Mountain, Xiye Mountain in Daye in the east of survey area. According to palaeophyte assemblage, phase transition, character of contact, it is classified into lower unit, including Qixia formation, Maokou formation, and upper unit, including Longtan formation and Dalong formation.

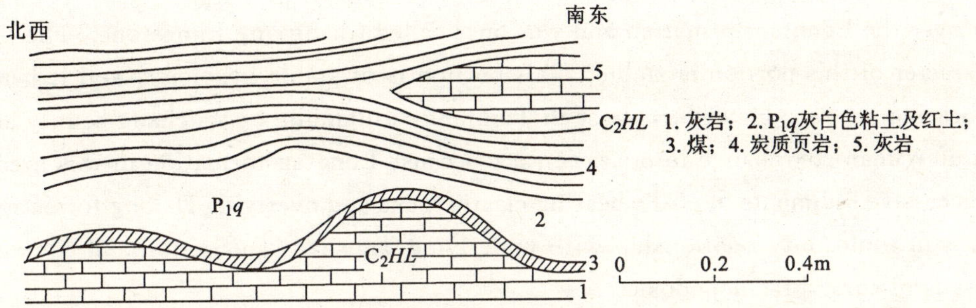

Fig. 21 Lower Permian contacts with the C in Tongshan

1. Upper Permian

Dalong formation contacts Longtan formation in parallel unformity, is composed of argillaceous silicalites and hydrimica mudstone with a total thickness of 6～31m. Longtan formation, in contact with Maokou formation in paralell unconformity (Fig. 22), can be divided into three lithological members, that is, the lower Tanshanwan Section, the middle Xiayao section and the upper Baoan Section.

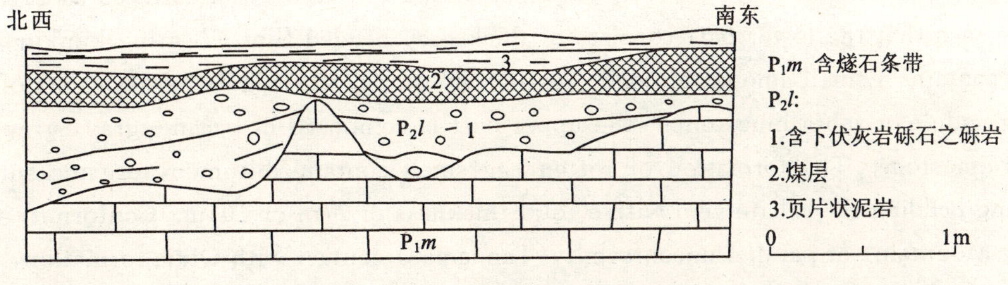

Fig. 22 The coal of Daye Yinshan is parallel uncomformity with Maokou formation

Tanshanwan Section: It refers to the coal - bearing strata between Yangxin limestone and Baoan shale. The Tanshanwan Section is of stable stratigraphic position, dispersed distribution and wide range of change of thickness. The thickness veries from several centimetres to 70m. The Tanshanwan Section is conceived in Huangshi to Wuhan area with the average thickness of 10～30m. The thickest portion in Liufang of Wuchang county runs to 70m thick. The lithologic character of strata in Huangshi and Wuhan is complicated, consisted of shale, silt, sandstone, arkose quartzite sandstone or coal - bearing greywacke strata and bass, with thin layers of silica rock and limestone lenses in partial part of the areas. It generally has one or two coal - bearing seams, some of them run to no less than 4 seams, one of which is minable. There are bulder beds and gravel - bearing rammel in the bottom. And the strike direction of the seams containing the gravel composition correspond to that of its underlying strata. This portion is in contact with underlying lower Permian Maokou formation in paralell unconformity.

Xiayao Section: It refers to the flint - bearing kunkur intermediated between the Tanshanwan coal measure and Baoan shale the age of which can date back to early late permian, according to *Leptodusnobilis* and other 20 components rich in the portion. It is the upper formation over the Longtan formation and was once called Changxing Limestone. The lithological character of this portion is stable. This portion is of stable lithology, and it belongs to flint - bearing kankar. However, those in Tuditang, Liufanglin of Wuchang county and suburbans of Wuhan city change into clastic rock because Longtan formation in this area comes from successive sediments of coal - bearing clastic rocks and overlying Dalong formation. This seetion is in conformity relationship with underlying Tanshanwan Section and contains very rich fossils of coral, brachiopodos etc..

Baoan Section: It refers to the calcareous shale and yellow shale with *Gastrioceras zitteli*, G. *liui* and *Pseudomonotis* at the bottom of Daye limestone, it is certain that the age of the formation is Permian to Triassic period. Thickness of rock stratum in this section had no evident differences. The lithologies are mainly the black, grey or brown thin bedded silicilith and siliceous shale. Strata of this section, the thickness is 10～30m generally, is underlain conformably by Xiayao Section. This section is rich in ammonite, bivalve etc..

2. Lower Permian

Maokou formation: It composes of lumps of flint - bearing limestone, bioaccumulated limestone and silica rocks. The basic sequence of the formation is illustrated as Fig. 23. It can be seen that the lower part consists of thick grey bedded flint - bearing kunkur, sometimes contains a small amount of coal - bearing limestone; the middle part consists of flint - bearig nodule or zebra limestones; the upper part is composed of ocean - gray, grey, thick beded limestone. The formation of rotten egg smell contains bitumen, organic substance growing bedding the calcite vein with a total thickness of 77m or 104m. Conformity (Fenghuang Mountain) or parallel unconformity (Tanjiaqiao) contact with Qixia formation, the attitude of stratum is 240°∠60°.

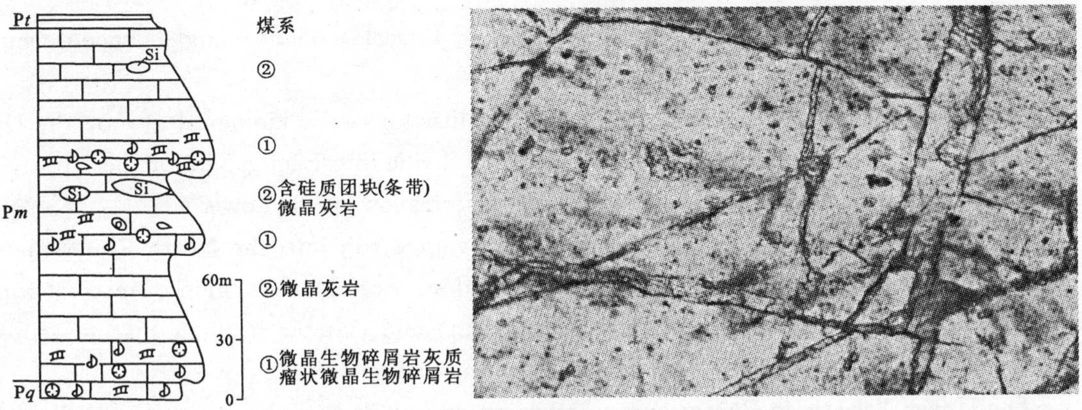

Fig. 23　Basic sequence diagram for Maokou formation

(Right picture shows the fractured limestone under microscopic ×5)

Qixia formation: It is composed of coaly limestone (Fig. 24), flint conglomeration, flint belt limestone and bioaccumulated limestone, the main feature is deep color chert nodule limestone containing amount of asphalt. The upper and lower part is coaly, calcic mudstone. The mudstone often contains the limestone, which form knollenkalk. The gross thickness is 105 ~ 236m. The Wulongquan is parallel unconformity contact with the Upper Carboniferous, and so as Maokou formation.

Fig. 24　Wulongquan Carbonaceous limestone

3. Analysis for sedimentation

The Permian strata in the region of interst is ingression - recession - ingression series in longitudinal. The early ingression of the Early Permain cause the area entered into the Yangtze continental sea environment. Having coaly and bioclastic in the carbonate deposition for the Qixia formation is shoreface sea, semi - confined carbonate platform facies. The bioclastic limestone for Maokou formation indicates the epeiric sea, wide carbonate platform facies. The Dongwu movement for the Early Permain cause recession, and break with the deposition of the Late Triassic strata.

The Late Permian inherits the early Yangtze continental sea environment. The Tanshan wan formation is new - ingression - seamarsh facies - coal - bearing system. The bioclastic limestone in Xiayao formation indicates it is the epeiric sea, wide carbonate platform facies. The kiesel mingling carbonate deposition in Baoan formation indicates that it is the neritic marine basin facies.

The Middle — Lower Triassic (T_1 — T_2)

Its underlying strata: Dalong formation for Permian (P_2dl), parallel unconformity contact.

Its overlying strata: Puqi group for the Lower Triassic, micro - angled unconformity contact.

According to the feature of sedimentation, the lithology, the biological group, the Upper - Middle Triassic for the region of interest could divide into Puqi group for the Upper(T_3 *PQ*); Jialinjiang formation for the Middle(T_2j); Daye formation for the Lower (T_1d).

At the late age of the Middle Triassic, the Yangtze run into the North China Plate, which cause the regional south - north compressional stress field, the region of interest form huge uplifts and depressions palaeogeographic format, and exit the Yangtze marine deposition environment, and begin to enter into the continental deposition.

The Upper Triassic in Puqi group presents micro - angled unconformity or parallel unconformity contact with the Middle Triassic; the coring of Xia - 3 well in the Jianghan Basin confirms that the Upper Triassic is micro - angled unconformity contact with the Middle Triassic.

1. Stratigraphic characterization

Lower series: Daye formation (T_1d) is composed of neritic marine facies, limestone, dolomitic limestone, oolitic limestone, shale, and argillaceous limestone, etc, and thickness is 80～323m. It distributes over the syncline limb and core, which is north of the line of Qingshanpu, Transverse Stone Pool and Yueping. And it runs parallel to the Upper Permian and contact with it in angular uncoformity, but local contacts were integrated.

Its lower parts is shale, calcareous shale with thin folder or lenticular dolomitic muddy limestone, central thin banded limestone and dolomitic muddy limestone, the upper thick - bedded dolomitic limestone, and top oolitic limestone, so the lithology of region is stable. But in the southwest of the study area and along the district of Chongyang Changling, the lower shale, dolomitic limestone as a clip - shaped debris was replaced by limestone containing clay particles, which produced snail fossils, and contact with the Upper Permian conformitily. Bed thickness is increasing from south to north east, so Chongyang Changling's thickness is 80m and Tongshan Xinqiao's is 274m.

As a set of marine dolomite, dolomitic limestone, and oolitic limestone clip brecciated limestone and dolomite, its bottom is thin dolomite that not peaked. The exposed thickness of it is about 323m, and its distribution is the same with integration. It showed a continuous deposition with lower series of Daye.

2. Analysis of sedimentation

It is still in the Yangtze sea environment during Early and Middle Triassic. In the early stage of Early Triassic, lower part of the Daye group (first, second and third parts) is a set of thin - thick layer of argillaceous limestone, which is shale with horizontal bedding. There is a brecciate limestone layer as an interlayer in this part which is deposition of off - site carbonate sedimentary (gravity flow caused), indicating that it belongs to the carbonate platform leading edge slope facies. In the upper (fourth part), a set of oolitic limestone showing sedimentary facies into a carbonate platform oolitic shoal. In the late period of Early Triassic, the Jialingjiang formation dolomite, limestone combination and the rock association of the lower part of the lower and middle lower segment of the thin, flaky folder shale limestone shows a shallowing - upward sequence of sequence features of the relative movements of two sea - level changes, in which generally reflects the formation of limitations - Semi - confined carbonate platform facies in the period.

Foreland basin(T_3— J)

In the end of Middle Triassic, Indosinian movement led to the collision of the Yangtze Platform and North China plate's collision, the study area transforms into a continental environment, the inland depression basin occur among mountains. In an other word, along the flattish area of north and south hedging Chenhu to Tuditang development the foreland basin, T_3— J foreland basin sedimentary thickness of 6500m, is developed with fluvial facies, freshwater lakes, lakes and swamps phase, clip a small amount of coal and siderite layers, reflecting the warm humid climate. During the Late Triassic it has several times short period marine flooding, fold 1 to 3 layers of the sea with marine bivalve riprap lacustrine deposition, developing fluvial facies, shorelake delta subfacies and freshwater - saltwater lake phase in the Middle — Late Jurassic, clip a small amount of muddy limestone and paste mudstone, reflecting the hot and dry weather. The Late Jurassic within the east of Hubei sedimentary area partly develop intermountainous volcanic mountain basin facies, showing parts of area has begun to turn to downfaulted basin nature from the Late Jurassic.

1. Stratigraphic characterization

1) Lower Jurassic: Wuchang Group

Area can only be seen Early Jurassic strata, lithostratigraphic units are Wuchang Group, The Maanshan area in the study area are the most integrated area(Fig. 25), in the south of Qiujia in Wuchang, presenting north - east to the exhibition cloth, coal - bearing layers 1～3, 0～35m thick. This is a set of continental clastic rocks; the main rock is quartz sandstone, siltstone, mudstone, carbonaceous shale and coal bed. Total thickness is greater than 370m, which present parallel unconformity contact or angle unconformity with the underlying Middle Triassic or Upper Triassic.

Fig. 25 Jiangxia hillside village quartz sandstone

2) Middle Jurassic: the lower volcanic formation

The lower part is mauve, variegated fluvial facies, lacustrine sand and shale, which fragmentarily expose on the south of Bishidu, Chengchao and Daye Jinshandian and extend to Lingxiang, the bottom part is pebbled sandstone, the lower part is the brick - red heavy bedded coarse grain feldspar quartz sandstone, the upper part is the mauve feldspar quartz sandstone silty fine - grained and mauve mudstone, thickness of greater than 1000m, parallel unconformity contact with the Lower Jurassic, with the upper part of the tuff, rhyolite [the lower volcanic formation (J_2b)], was seen only in Lingxiang Shizishan area, 139m thick.

3) Upper Jurassic: Lingxiang group(J_3l)

Fig. 26 J_3l aubergine mudstone

The Upper Jurassic sediments of inland lake, its lower part is the mauve conglomerate, bedded tuff; the central part is the yellow - green calcareous siltstone, mudstone limestone; the upper part is the mauve, variegated muddy siltstone cliping a small amount of bedded tuff, mainly distribute in the Eastern Wangbaoshan to Lingxiang area, south of Jinshan town, north of Tanqiao, the western slope also have sporadic outcrops, with a total thickness of about 636m, an angular unconformity contact with the underlying strata(Fig. 26).

2. Sedimentation Analysis

Early Jurassic of the study area inherite the Late Triassic's palaeogeographic format. Early coarse clastic rocks show that river marginal bank phase turn to flood plain phase. Middle and late fine clastic rocks and argillaceous rocks in serie of upward thinning basic sequence, reflecting multiple interactions between lacustrine phase and peat swamp phase. Among lacustrine phase may also include shorelake phase and lakeside estuarine delta phase.

Downfaulted Basin (K — N)

Cretaceous palaeogeography of the study area transform into the interior intermountain faulted basin environment, due to the controling of the north - east and north - west - trending faults caused by the main episode of Yanshan movement, as early as the Early Cretaceous, forming a series of NNE distributed faulted basin.

1. Lower Cretaceous (K_1)

The underlying strata: Jurassic Lingxiang formation (J_3l), Angular unconformity contact.

In the study area on the Lower Cretaceous lower volcanic formation (K_1), found in Leishan, Lingxiang, Jinniu and Baoan, the sporadic outcrops in the north of central Yanwo, mainly is a set of sallow, yellow - green and mauve inland lake clastic deposition, the lower part is the calcium siltstone, tuffaceous coarse sandstone, feldspar quartz sandstone, pebbled sandstone and sandy conglomerate, conglomerate; the middle - lower part is the siltstone, calcareous feldspathic quartz sandstone, fine sandstone, silty limestone and mud limestone; the middle - upper part is glutenite, pebbled sandstone, medium - fine - grained feldspar quartz sandstone, siltstone and shale; the upper part is the feldspar quartz sandstone, fine sandstone, siltstone and clay shale, tuff, etc., and clip andesite - basalt, andesite. Total thickness is 526~896m. The middle - lower part is rich in bivalves, gastropods, ostracods and plants, pollen and other fossils. Dacite porphyry was massive or stomatal structure, phenocrysts of feldspar, plate - like crystal shape, usually 1mm × 3mm or 2mm × 4mm, about 20% ~ 25%. In the Daye Zongshan we can see the upper volcanic formation with the underlying Lingxiang formation was angular unconformity contact, with the attitude of rocks of the upper volcanic formation: 284°∠28°; the attitude of rocks of Lingxiang formation: 300°∠30°. Pink and gray - green middle - fine - grained clastic sandstone mixed, with poor sorting of gravel, gravel for the veneening deposition, small one is 5 ~ 10mm, large one is 10 ~ 15cm. Rounding medium, high porosity, which shown in Fig. 27.

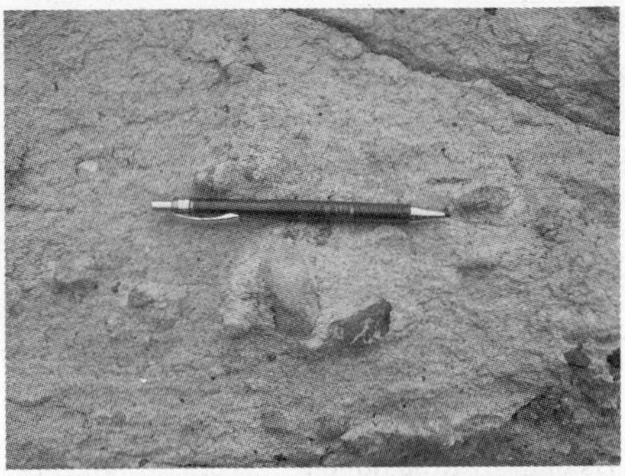

Fig. 27 Gravel in cretaceous formation

Fault development, as normal faults, scratches, step obviously occasionally filling calcite. The occurrence of the fault plane: 60°∠78°.

2. The Upper Cretaceous — Tertiary(K_2 — N)

Exposed on the south of study area's Tongshan Yanxia, Chongyang, Xingbaxiang lake and the north of Xianning, and sporadic outcrops in the study area's Huanggang, Yangluo, Yangzhaijun and Daye, etc.. It is the accumulation of intermountain continental facies basin. Lithofacies is rather complicate, also have volcanic activity. As a set of mauve, brick red continental sandy conglomerates, has also volcanic activity.

4. Petroleum geology and evidences of oil and gas

Source rock

The Yangtze marine has many and thick layer series that generate oil, the main oil - generating source rocks are upper Sinian Dengying formation (Doushantuo formation, missed in the practice zone), lower Cambrian, Wufeng formation of Ordovician, lower Silurian, Qixia and Maokou formation of lower Permian, Dalong formation of upper Permian, Daye and Jialingjiang formation of lower Triassic. The total thickness of the oil - generating rocks is 1635m to 4944m, among which there are 751.8m to 2756.1m of carbonatite, and 883.98m to 2188.6m of argillaceous. The thickness and geochemical index of the oil - generating rock of different layers are shown in table 3.

The best carbonatite oil - generating rocks in this area are Qixia formation, Maokou formation and Wujiaping formation of Permian and the Doushantuo formation of upper Sinian. The content of organic carbon is about 0.16% ~ 1.1%, the average content of chloroform bitumen is about $12 \times 10^{-4} \sim 69 \times 10^{-6}$, the total concentration of hydrocarbon is 7.19×10^{-6}

~491.59×10^{-6}, all of which reached the standard of good oil-generating rock. The best argillaceous oil-generating rock is lower Cambrian, the average content of organic carbon is 0.48%~2.45%, the average content of chloroform bitumen is about 23×10^{-6}.

Table 3 Geochemical index of the oil-generating rock of middle Yangtze

layer	lithology	Thickness (m)	organic carbon (%)	asphalt "A"(10^{-6})	Total hydrocarbon (10^{-4})	type	maturity R_o	evaluation
Jialingjiang	limestone	48.9~769	0.1~0.14	22~42	6.25~28	Ⅰ	0.8	bad
Daye	limestone	85~512	0.1~0.8	33~54	6.93~18.92	Ⅰ、Ⅱ	1.2~1.95	bad
Dalong	Mudstone	18.7	12.33					
Maokou	limestone	74.1~132.5	0.29~0.53	17	75.43	Ⅰ		good
Qixia	limestone	56~124.3	0.19~0.35	21~68	9.74~24.27	Ⅰ	1.28~1.45	good
Upper Carbonic	Limestone mudstone	34.8~32.5	0.33~0.46	24	6.29			bad
Silurian	mudstone	532.5~1 100	0.25	12				bad
Ordovician	limestone	42~279	0.1~0.24	10~41		Ⅰ		bad
Lower Cambrian	Mudstone shale	289~1 000	0.48~2.45	68~85		Ⅱ		good
Dengying	limestone	172~530	0.3	60		Ⅰ		middle
Doushantuo	limestone	232.4	0.6	23		Ⅰ		good

Reservoir condtions

The types of reservoir are aboundant, wide in distribution and unbalanced in porosity and permeability. It mainly has Dengying formation of Sinian, middle and upper Cambrian, lower Ordovician, Silurian, Huanglong group of Carbonic, Changxing formation of Permian, Daye formation of Triassic *et al*. (Table 4).

Table 4 The reservoir properties of the main zone of the Middle Yangtze

Reservoir unit	Porosity(%)		permeability($10^{-3}\mu m^2$)		pore diametre (μm)		Thickness(m)	
	range	average	range	average	median	average	range	average
T_2	1.02~3.07	2.04	0.03~1.20	0.21		0.011	0~98	49
T_1	1.02~1.34	1.21	0.10~1.02	0.81	0.033	0.012	10~78	44
P_2m	1.09~5.43	3.23	0.01~0.93	0.21	0.120	0.060	30~199	114
C_2	0.31~14.00	7.15	0.03~10.0	1.09	0.648		0~123	62
$\in_3$	0.16~15.43	7.87	1.00~3.11	1.01	0.028	0.023	12~120	56
$\in_2$	0.34~2.10	0.67	0.01~0.98	0.32	0.818	0.323	120~321	220
Z_2	0.66~8.73	4.76	0.07~4.28	1.33	0.171	0.886	50~129	86

According to the reservoir developing charateristics in this area, it mainly has four kinds of reservoirs:

Reservoir with good intracrystalline pore: The type of the reservoir is coarse and fine grained dolomite, the reservoir space are mainly intracrystalline pores and intracrystalline solution pores, with good physical properties. This kind of reservoir distributes widely in the study area, it develops in the middle and upper Cambrian saccharoidal dolomite and the Huanglong group of upper carbonic limestone.

Solution pore reservoir with good in the nearby formation of the paleocrust of weathering, a lot of solution pores and solution caves were formed dut to the leaching and solution effect of the surface water (Huanglong cave, see Fig. 28.). They are developed in Dengying formation of upper Sinia, Huanglong group of upper Carbonic, Maokou formation of lower Permian, the top of Jialingjiang formation of Lower Triassic in this study area.

Fig. 28 Huanglong Cave

Reservoir with good intergranular pores: Shallow facies particle dolomite and particle limstone, the main reservoir space is intergranular pores and intergranular solution pores. Gaotai formation of Middle Cambrian, Huanglong group of Carbonic and Jialingjiang formation of Triassic all develop oolite, and their intergranular pores quite developed.

Fracture - solution pore reservoir: The main reservoir rocks are micrite and algae chip dolomite (such as Dengying formation of Sinian and Huanglong group of Carbonic).

Cover condition

There are mainly three regional caps: mud shale of lower Cambrian, gypsum rock of medium upper Cambrian and mudstone and shale of Silurian and so on.

Evidences of oil and gas

There are mainly two paleo - reservoirs in the practice route. Beimencha paleo - reservoir (P_2q) of Shenshan town of Chibi city and Jiugongshan anticline paleo - reservoir (S).

There are also many paleo - reservoirs in the southen fault extented fold zone of the study area, they are Miaoshi of Cili county (P_2q) and Yanmenkou of Jingshan county(P_2q). the characteristics of the occurrence are described respectively as follows:

1. Beimencha Permian oil show of Shenshan town of Chibi city

The oil seepage and asphalt were produced in Qixia formation of Permian (P_2q), this section is a set of charcoal grey - black grey argillaceous bioclastic limestone, argillaceous crystal powder limestone, lenticular bioclastic limestone which interlayed with charcoal grey thin marlite and shale.

2. Miaoshi Permian oil show of Cili county

This oil seepage lies in the valley which nearby the cement plant of Miaoshi town. It was produced in Qixia formation of Permian(P_2q), this section is a set of charcoal grey - black grey lenticular argillaceous crystal powder limestone which interlayed with charcoal grey thin limestone, calcareous mud shale, argillaceous crystal powder limestone which showed as lens around which are thin marlite and calcareous mudstone. Its occurrence is just like the lower Permian lenticular limestone's oil show of Beimencha of Chibi city. The oil seepage was mainly produced in the shell of the lens and the biological marlite and shale that between the lens. Break the rock, we can see liquid oil seepage on the new face of the rock, which smells sharp, and volatile quickly. We can also find some seepage in the pores and fractures of the lenticular limestone, but just a little bit.

3. Yanmenkou Permian oil show

The seepage lies in the Yanmenkou township southwest of Jingshan county, the regional structural location belongs to the east of Dangyang - Tianmen thrust fold. The seepage distributes in the zones nearby the Yanmenkou fault which lies in the south of Tai heji break anticline. The formation of it is Qixia formation of Permian which includes grey black thick argillaceous crystal powder limestone that contains chert lump locally. And we can see light yellowish green light oil in the cave and microfissure of the limestone; it won't smear the hand and extent from the miarolitic to the fracture. And most of the miarolitics are of elliptic type and distribute scattered.

4. Silurian oil show of Jiugongshan anticline

In the lower Silurian of the north of Jiugongshan anticline, carbonaceous asphalt filled in the fault zone, and extent in the 20°～36°northeast direction which has a intersection angle with the layer's strike.

5. The key Obeservation - Points and characterization

Key point

1. Identification of the Lithology and Compositional Characteristics of Stratas/layers

(1) Pt slate, phyllite, Z morainal.

(2) Cambrian lower unit bone coal, upper unit sacchariotal dolomite, intraclast limestone.

(3) Silurian greyish - green, courge green sandstone, mudstone, shale.

(4) The typical Devonian gravel bearing quartzose sandstone, quartzose sandstone.

(5) Carboniferous Huanglong group dolomite, ooid limestone, chondrule limestone, bioclast limestone.

(6) Permian Xiaxi formation chert nodule, band limestone, Maokou formation silica rock, fetid limestone, Longtan formation bass, coal bed, Dalong formation silica rock.

(7) Triassic median lamina limestone, ooid limestone.

(8) Jurassic quartz standstone, mudstone etc..

(9) Cretaceous purplish red, red argillaceous siltstone, etc..

2. The Main sedimentation manifestation

(1) Sinian morain conglomerate.

(2) Devinian ripple bed, wedge - shaped bed.

(3) Carboniferous chondrule, ooid limestone, bioclast limestone.

(4) Triassic bed ripple, oolitic beach.

(5) Jurassic cross bedding, basal congelomerate.

(6) Cretaceous - tertiary inclined bedding, cross bedding etc.

3. The Component parts of the Oil Accumulation

(1) Hydrocarbon source rock: dark mudstone, shale, dark - grey cryptite, bass, coal bed.

(2) Reservoir bed: sandstone, grain limestone (ooid limestone, intra - clastic limestone), recrystalized dolomite rock (limestone), corroded dolostone (limestone).

(3) Capping Bed: argillutite and other compact formation (gypsum).

4. Combination of source rock, reservoir and cap rock and possible trap, fossil oil reservoir(gas and oil show)

Obeservation point

(1) Quartz sandstone, conglomerate of Huashan, Bafenshan.

(2) Dolostone (3303 Arm Factory), ooild, pelletal limestone.

(3) Flint kankar of Liaojiaqiao.

(4) Greyish - greenr silt, limestone in Lingyun Cement Plant.

(5) Lithology and contact relatinship of C/S and P/C of Xinqiao in the south of Tongshan.

(6) Crectaceous sandstone, conglomerate in Shankou of Tongshan.

(7) The contact relationship of Crectaceous and basal Sinian in Shankou town.

(8) The contact relationship of the Z_1/Pt_2 in Shankou town.

(9) The observation of Hydrocarbon source rocks including Zd, $\in_1$、O、P.

Individual description as follows

No. 1: E114°32.241′ N 29°34.506′

Lithological character, strata viewpoint, source rock, caprock viewpoint

From the features of S_2f rock in Silurian, greenish - gray sandstone, pelitic siltstone has been crushed because of desintegration. Faults are formed in the deformation of the stratum as its high argillaceous content; its form varies from standard to vertical. This type of stratum has wide distribution, great thickness and distinguished color, they are important cap rock and source rock, which occupies in the sourthernregion.

No. 2: E114°32.157′ N29°34.699′

Lithology and formation contact relationship and reservoir.

C /S contacts with parallel unconformity (Devonian is missed).

(1) Observe the lithological and pore characteristics of Carbonic.

(2) Observe the C /S lithological demarcation and contact relationship.

The Carbonic only exposured upper Huanglong formation, it contains grey, grayish white limestone, ooides, calcite dolomite, and sometimes we can see slash mark on its surface, they are soluted generally and the solution pore and solution cave can be seen, and the fractures are developed but were filled with calcite. This set of strata is the main reservoir of Yangtze platform especially the upper Yangtze.

No. 3: E114°32.157′ N29°34.699′

P_1q lithology observation point, structure observation point

(1) Observe the lithological characteristics of Qixia formation of Permian (flint nodule).

(2) Observe the structural characteristics like the nature of fault and the scratch and step.

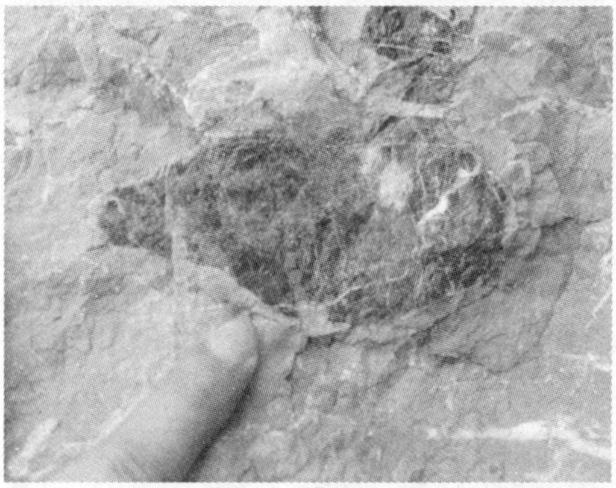

Permian Qixia formation's limestone: grey black, grayish white, thick, its common to see flint nodule, hard and has a conchoidal fracture.

This series of formation develops pores and fractures, and most of the fractures are filled with calcite, is an important reservoir. This series of limestone which interlayed grey black mudstone and shale, is good source rock. And on this observation point we can observe the fault activity condition, distinguish the nature of the fault through the scratch and the step on the section.

No. 4: E114°31.897′ N29°34.947′

T_1d (Daye formation of Triassic). Lithology, structure and sedimentary observation point

(1) Observe the lithological characteristics of T_1d (lithology, color, sedimentary structure and occurrence of the layer).

(2) Observe the ripple marks of the layer.

(3) observe the echelon joint and torch joint.

Median lamina grey, charcoal grey micritic limestone in which interlayed thin layer mudstone, and there are oolitic in the limestone.

This set of formation belongs to the Middle Yangtze named Feixianguan formation, which is a series of oolitic limestone. At present it is an important reservoir and the main producing formation of the biggest gas field of China —— Puguang Gas Field.

Through the observation of the shear joint and sedimentary structure distinguish the tectonic stress nature and sedimentary flow characteristics.

No. 5: E114°28.987′ N29°36.687′

Fault basin observed Cretaceous – Tertiary conglomerate observation points

(1) Observe the conglomerate sorting, psephicity, the characteristics of its distribution and analyzing the source direction.

(2) Analyse the environment of the formation by the characteristics of lithology and their distribution.

Cretaceous is divided into upper and lower commission, lower for the construction of Hunan sand and shale, upper for the construction of inland basin clastic rocks (braided river, fan delta, meandering stream, lake sediment, etc.) and among which is acidic volcanic rocks. Cretaceous is only developed upper Commission in the attachment line zone and the boundary betwwen with Teritary is unclear. Lithology is usually divided into three sections which become thicker from the bottom. The observation point is the upper stratum: the fine gray conglomerate, dark gray giant conglomerate. Gravel contains poor sorting, sub – circular, or sub – edge – like ones, which has the composition of carbonate rocks mostly. Due to the gravel composition and color, we can get the conclusion that the provenance of this oservtion is from upper Permian and Triassic, which belongs to near – source deposition in steep slope.

No. 6: E114°27.826′ N29°36.874′

Faulted depression basin observed Cretaceous — Tertiary rift lakes and lithologic observation points

(1) Observe the characteristics of rift lakes and lithology (lithology, color, sedimentary structure, etc.).

(2) Observe the structural features of graben and so on.

The observation point is in the central lake basin, but also the middle strata of K_2 — N. The lithology of gravel is the fine - grained sandstone, silty mudstone or argillaceous siltstone with lenticular bedding, inclined bedding and so on. The overall color of the formation is the brick red, purple and ocean gray, reflecting the environment of drought and oxidization in the deposition period. At the same time, fault is developping into small garbens which are all normal faults.

No. 7: E114°26.268′ N29°34.446′

Downfaulted basin observed, Cretaceous — Tertiary Sedimentary gentle slope observation points

(1) Observe Lithologic characteristic.

(2) Observe Structural features.

The point is the lower segment of K_2— N, lithology which is mainly different thickness interbedded purple - red - brick - red silty mudstone and argillaceous siltstone, including gypsum. Gravel is smaller, its ingredients are muddy and gray, or siliceous, well sorted, sub - rounded. We can see gypsum mold holes after the gypsum or the dissolution of gypsum. From the view of gravel composition and stratigraphy of the basin boundary near the point comprehensive analysis, material source should come from the northern border of the Sinian and Lengjiaxi group of Pt.

The point develop normal fault, showing step - fault - like, can also be observed scratches, order step, etc. .

No. 8: E114°25.606′ N29°38.981′

No. 9: E114°25.931′ N29°38.532′

Observation of the basement of the faulted depression basin

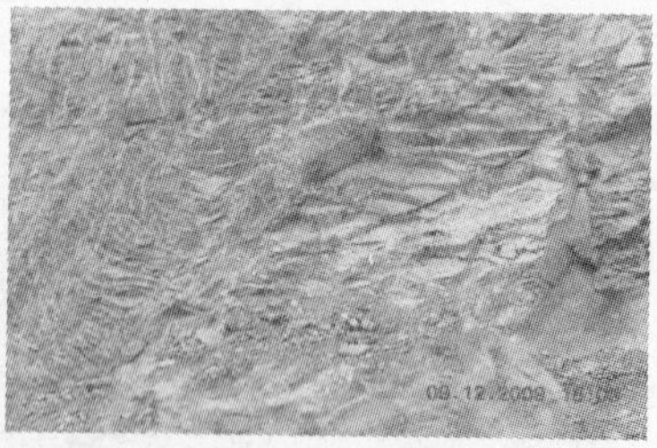

Although at both No. 8 and No. 9, we fail to see the fault basin stratum touches its fundus, we can still identify it is the fault basin on the basis of the adjacent regions where the fault basin touches the fundus. The following photographs demonstrate is the stratum of the fundus.

(1) Observe the characteristics of the lithology, to compare its lithology and color with that of K – clastic rocks, and then make an analysis.

(2) Observe the faults to observe minutely the positive traction configuration, fault breccia and schistosity.

No. 10: E114°25.850′ N29°38.616′

Observe the Yangtze Platform basement Lengjiaxi group of Pt.

(1) Describe the lithologic, determine the stratigraphic occurrence.

(2) Observe Z_1L / Pt_2 boundaries. Study the Pt_2 (Lengjiaxi group) slate and sericite phenomenon.

(3) Observe the reverse phenomenon of formation.

No. 11: E114°25.193′ N29°40.512′

Stratigraphic viewpoint and formation boundary viewpoints

Z_2d/Z_1n lithologic viewpoint, study moraine Nantuo formation conglomerate.

Moraine Nantuo formation conglomerate is gray block, mixed up with moraine silty phyllite, and no bedding structure, the surface commonly have scratches, groove, press pits and so on. The sizes of them are varied, and the sorting is difficult for stacking mixed.

No. 12: E114°25.262′ N29°40.552′

Z_2d lithologic viewpoint, construction viewpoint, oil and gas viewpoint.

(1) Identify siliceous rock and limestone.

(2) Oil and gas showing, asphalt observation.

(3) Observe the development of limestone cracks and the fillings.

The major rock of Dengying formation are gray mudstone, algal stromatolites ddomite, inner lenticular limestones siliceous rocks and so on, in the thick layer, the deformation of bedding can be seen, crumpled structures and so on, with tuberculosis which is filled by fracture calcite.

No. 13: E114°25.277′ N29°40.454′

The viewpoint of $Z_2dn/\in_1d$ lithologic boundaries, the viewpoint of $\in_1d$ hydrocarbon source rocks

(1) Observe lithology of the Dengying formation and Dongkeng formation (lithology, color, sedimentary structure).

(2) Determine the boundary of Dengying formation and Dongkeng formation.

(3) Observe and identify the Dengying formation reservoirs, source rocks of Dongkeng formation.

The lower segment of Dongkeng formation is gray - black shale, carbonaceous shale, "stone coal" and the carbonaceous argillaceous limestone with pyrite and phosphate nodules, integrated and contacted or disconformity contacted with Dengying formation.

No. 14: E114°24.940′ N29°40.819′

No. 17: E114°22.038′ N29°45.330′

Observe points of middle and upper Cambrian rocks

(1) Distinguish bioclastic limestone, oolitic limestone, and dolomitic limestone within the debris.

(2) Observation and analisis of reverse fault and the fault plane.

(3) Observation of joint - period.

The set of strata locats at the fault region, rock here has been fractured and weathered heavily (see photo, L), lithology is mainly granular limestone or dolomite grainstone, grainstone includes oolitic, bioclastic, inner debris (see photo, M), this set of strata recrystallize easily, most are coarse - grains (see photo, R), dissolved pore growth.

No. 15: E114°24.407′ N29°41.543′

No. 16: E114°24.148′ N29°41.651′

No. 18: E114°21.517′ N29°47.945′

No. 19: E114°22.213′ N29°59.200′

Observation point of Silurian lithology, hydrocarbon source rocks, cap rock, reservoir and structure.

(1) Observation of petrography character and geomorphicfeature.

(2) Attitude determination, faultage, crumpled scratches, order steps, and wave marks. observation and distinguish.

(3) Mudstone, sandstone and carbonaceous shale's role in forming.

Silurian more complete in the internship route including Gaojiabian formation of the lower stage, Fentou formation of the middle stage, and Maoshan formation of the upper stage. Silurian and underlying Ordovician's contact relation is not clear because of coverage, but its contact relation with overlying strata is clearer, as a result of the South Tongshan (observation point No. 3) $C_2 HL/S_3 m$ parallel unconformity contact, parallel unconformlty contact was Fentou formation ($S_2 f$) and Wufeng formation ($D_3 w$) in Zhifang.

(1) Lithological and geomorphological characteristics of observation.

(2) Occurrence determination, fault, crumpled, scratches, steps, wave marks observation and discriminant.

(3) The role of mudstone, sandstone, carbonaceous shale, etc. in accumulation.

Silurian is complete in the attachment line, including the next Commission Gaojiabian formation, the integration group and on the reunification Maoshan Fentou formation.

Silurian outcrops is complete in the attachment line, including the next Commission Gaojiabian formation, the integration group and the reunification Maoshan Fentou formation. In route area, the contact relationship between Silurian and Ordovician underlying is unknown because of coverage, but stratigraphic contact with overlying relatively is clear. For example, as a result of the South Tongshan (observation point No. 3) $C_2 HL/S_3 m$ parallel unconformity contact, compared with Fentou formation in Zhifang ($S_2 f$) and Wufeng formation ($D_3 w$) parallel unconformity contact.

No. 20: E114°23.467′ N30°01.655′

Qixia formation, Maokou lithology and construction observation points in Heshengqiao town — Taurus town, provincial highway quarries

(1) Observe on Qixia formation and Maokou lithological characteristics (lithology, color, chert nodules, etc.).

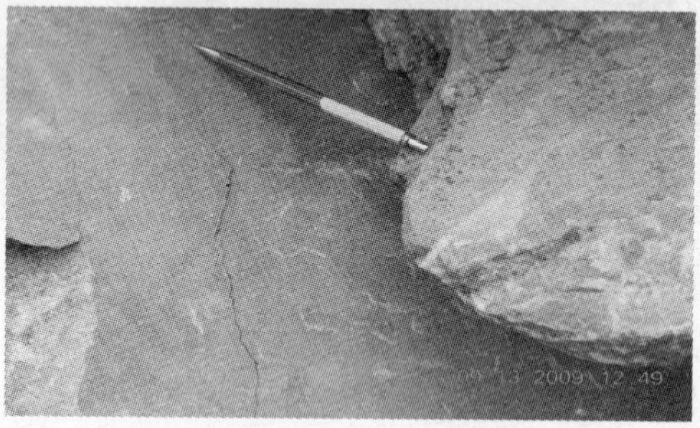

(2) Observe several groups of faults and scratches, steps.

The lower part is P_1q gray - black, black book — the middle carbonaceous limestone, limestone, a higher degree of carbonation, showing shiny asphalt, coal - like, and it has a H_2S smell while knocking of the fresh level, stratigraphic occurrence 153°∠60°. Carbonaceous limestone in the development of a set of bedding calcite veins, see carbonized asphalt, Pseudomonas. The upper part of P_1m gray, gray thick - bedded, massive limestone. Fault contact between the two.

P_1q contacts with P_1m fault (fault toward 152°, NE orientation), seen the breccia, calcite veins and scratches. On the upper plate is the P_1m thick, massive limestone, the next set of P_1q thin - the middle carbonaceous limestone.

P_1q thin - development of a middle carbonaceous limestone into 235° fault, and the level of small - angle intersection.

Maokou formation is composed of gray and black mudstone, limestone containing flint nodules, and siliceous rocks. There is the smell of rotten eggs and growth crackly. Qixia formation is composed of dark gray carbonaceous limestone containing flint nodules, chert bands, on the lower part of containing carbonaceous, calcareous mudstone, shale package gray matter, showing swelling on the skin - like (nodular limestone). There are clear marks of scratches and steps on fault surface.

No. 21: E114°20.966′ N30°10.697′

The lithology observation point, the sedimentation observation point, the reservoir observation point for the Jurassic

(1) The feature of the lithology for the Jurassic.

(2) The sedimentary structure for the Jurassic.

(3) The feature of the reservoir for sandstone.

(4) Analysis for the feature of the fault.

The distribution of the Jurassic is the synclinorial zone of the Chenhu - Tuditang, which is southeast - northeast banding. The outcropping of the Xinjian village at the mountain slope is preferable, which attribute to Wuchang group. The growth of the Lower of Wuchang group. The lower part is Chenchao formation, the lithology is the heavy bedded arkose quartzite sandstone (a high quality hydrocarbon resource rock), siltstone, the coal pipe parting in mudstone, which belong to the fluvial facies deposition, developing the basal conglomerate and the inclined bedding; The upper part is the Dawangchong Formation, the lithology is viridian siltstone, the mudstone containing the bony coal, coal pipe; which is belong to the lake - paludal facies, growthing the dissoconch fossil. At the same time, we could observe some faults, and analyse the feature of the fault and the relationship of the growth stage for the faults by the relationship of the stick slip for the strata and the scoop mark, etc..

No. 22: E114°19.4684′ N30°17.0217′

(1) D/S Silurian and Devonian rocks cut - off point's observation.

(2) Fault in nature and related phenomenal observation, analysis.

The point is located in Linggang Village in Jiangxia district (on the north 500m of Lingyun cement plant), the underlying strata is S_{2-3} sallow, yellowish brown argillaceous siltstone, mudstone, as a whole as a broken belt, stratigraphic occurrence is chaos. Overlying strata as the D_3 a bit more red and gray, medium - thick layer of quartz sandstone, stratigraphic occurrence is 165°∠32°. Speculated that the two is parallel unconformity contact.

Structural characteristics of the point: S_{2-3} argillaceous siltstone, mudstone fault and development of hedge fault system, a group of faults have been thrusted from the south, the fault occurrence: 335°∠62°, 316°∠64°, 319°∠64° a group of fracture occurrence: 185°∠62°, 182°∠73°. Accompanied by fault activity, develope traction structures, fault gouge, judge from the traction is mainly reverse faults. At the same time the slip - type normal fault can also be found on the hanging wall of the main fault.

No. 23: located in Baiyundong scenic spot in Zhifang 3303 Army Factory (C_2 *HL*)

(1) Oolitic limestone, ball limestone observation.

(2) Lithological types of reservoir bed, reservoir space observation and analysis.

(3) Observe the corrosion phenomenon of the cave, the characteristics of distribution.

The main point is exposed carboniferous Huanglong formation, is mainly ocean gray thick laminated micrite dolomite, gray thick bedded, massive micrite and gray, dark thick layer containing bio - micrite limestone, in the top of the Baiyundong can be observed the thick oolitic limestone. The point of fossils which is developing well, is mainly dragonflies, foraminifera and corals and so on, the group's formation wide spread corrosion phenomena, develop corroded hollow, cave, is one of the high - quality reservoirs in Yangtze region.

The phenomenon of dolomite slash mark can be observed more clearly in the weathered surface.

No. 24: Bafenshan mountain in Zhifang, Nanwang Mountain in China University of Geosciences

(1) Stratigraphic boundary points, parallel unconformity contact observation points.

(2) Hydrocarbon source rock(S), reservoir rocks(D) observation points.

Silurian and Devonian point of contact relationship because of a large number of mining making quartz sandstone become very clear, Silurian ($S_2 f$) is the yellow - green with silty mudstone, Devonian ($D_3 w$), compared with off - white thick layer of shaped quartz sandstone, see the wedge like bedding, about 10～20cm weathered layer can be seen at the top of the Silurian, parallel unconformity contact. Silurian mudstone is a set of regional cap rocks and hydrocarbon source rocks, and Devonian is a reservoir.

主要参考文献

陈辉明，孟繁松，张振来. 鄂西秭归盆地下侏罗统香溪组新层型剖面研究[J]. 地层学杂志，2002,24(3):187～192.

陈丕基. 中国陆相侏罗、白垩系划分对比述评[J]. 地层学杂志，2000,24(2):114～119 .

陈述彭.《中国地质图集》评述[J]. 中国地质，2004,31(4).

陈旭. 湖北东南部阳新石灰岩之分层[M]. 中国地质学会志，1935,14(1).

陈云华. 中国东南地区晚白垩世沉积响应与古气候[D]. 成都理工大学硕士论文，2008.

处旭春. 武汉海相泥盆纪地层之发现[J]. 地质论述，1950,15(1～3).

董申保. 变质作用类型划分初议[J]. 中国区域地质，1982,(3).

冯少南. 湘鄂边境地区泥盆系和石炭系的分界[J]. 地层学杂质，1984,8(1).

构造地质研讨会(1990－1991)开展情况[J]. 现代地质，1992,(1).

何龙清. 宜昌地质矿产研究所区域地质研究室简介[J]. 地质科技情报，2004,(2).

侯佑堂. 湖北西部上泥盆纪介形类化石[J]. 古生物学报，1955,3(3).

侯佑堂等. 江汉平原边缘地区白垩纪－第三纪介类动物群[M]. 中国科学院南京地质古生物研究所集刊(第 9 号),1978.

李四光，赵亚曾. 峡东地质及长江之历史[M].《中国地质学会志》(第三卷)，第 3～4 期，1924.

李星学，蔡重阳. 中国泥盆纪植物群[J]. 地质学杂质，1979,3(2).

林甲兴等. 长江三峡地区生物地层学(3)(晚古生代分册)[M]. 北京：地质出版社，1984.

刘宝珺. 沉积岩石学[M]. 北京：地质出版社，1980.

刘之远. 湖北西南部构造地质[M]. 中国地质学会志，1951,31.

马国干，王砚耕. 鄂湘川黔毗邻地区早震旦世冰川地质问题的讨论[J]. 宜昌地质矿产研究所所刊(第 7 号)，1983.

孟繁松. 鄂西荆门－当阳盆地九里岗组几种丁菲羊齿植物[J]. Journal of Integrative Plant Biology，1982,(6).

穆恩之. 论五峰页岩[J]. 古生物学报，1954,2(2).

穆恩之. 中国志留系. 全国地层会议学术报告汇编，北京：科学出版社，1962.

潘江. 华南儿种泥盆纪介形类化石[J]. 古生物学报，1995,3(3).

盛金章.《中国二叠系》全国地层会议学术报告汇编[R]. 北京：科学出版社，1963.

宋建国，高维亮.《中国石油地质志》简介[J]. 石油勘探与开发，1990,(3).

宋建国，高维亮.《中国石油地质志》简介[J]. 石油学报，1991,(1).

孙云铸. 中国含笔石地层[M]. 中国地质学会志，第 10 卷.

王贵安译. 角闪石类命名法[J]. 国外地质科技，1979,(6).

王振. 江汉盆地白垩纪轮藻类的研究兼论 *Porocharaceae* 和 *Characeae* 的分类[M]. 中国科学院南京地质古生物研究所集刊(第 9 号)，1978.

谢家荣等. 湖北西南部地质矿产[M]. 地质汇报(第 9 号)，1927.

谢家荣等. 湖北宜昌、兴山、秭归、巴东等县地质矿产[M]. 地质汇报(第 7 号)，1925.

杨敬之等. 鄂西巫山石灰岩的新观察[J]. 地质学报，1954,32(2).

俞建章等. 湖北襄阳、南漳、宜城、荆门、钟祥、京山等县地质[M]. 前《国立中央研究院地质研究所集刊》(第 8 号)，1929.

张仁杰. 湖北东南部三叠纪地层[J]. 中国地质科学院宜昌地质矿产研究所所刊(第 5 号)，1982.

张仁杰.湖北荆当盆地海相上三叠统之发现[J].地层学杂质,1981,5(4).
张兆衷等.大别山变质带的多硅白云母[J].矿物学报,1982,(4).
赵志强,邢欲盛等.湖北陕东震旦系—《中国震旦亚界》[M].地质部天津矿产研究所主编,天津:天津科学技术出版社,1980.
中国科学院南京地质古生物研究所编著.西南地区地层古生物手册[M].北京:科学出版社,1974.
中国科学院南京地质古生物研究所著.西南地区碳酸盐生物地层[M].北京:科学出版社,1979.
朱捷,朱森.秦岭中段南部地质[M].前《国立中央研究院地质研究所集刊》(第9号),1930.